本书获得上海市新闻出版专项资金（数字出版）资助

走近南极动物

冯羽 何鑫 主编

上海大学出版社

图书在版编目（CIP）数据

走近南极动物 / 冯羽，何鑫主编. —上海：上海大学出版社，
2020.1
　ISBN 978-7-5671-3615-1

　Ⅰ.①走⋯ Ⅱ.①冯⋯　②何⋯ Ⅲ.①南极—动物—儿童读物
Ⅳ.①Q958.36-49

　中国版本图书馆CIP数据核字（2020）第010550号

责任编辑　傅玉芳
装帧设计　柯国富
技术编辑　金　鑫　钱宇坤

走近南极动物

冯　羽　何　鑫　主编

出版发行　上海大学出版社
社　　址　上海市上大路99号
邮政编码　200444
网　　址　www.shupress.cn
发行热线　021-66135112
出 版 人　戴骏豪

印　　刷　上海新艺印刷有限公司
经　　销　各地新华书店
开　　本　787mm×1092mm　1/12
印　　张　8 $\frac{2}{3}$
字　　数　173千字
版　　次　2020年3月第1版
印　　次　2020年3月第1次
书　　号　ISBN 978-7-5671-3615-1/Q·008
定　　价　46.00元

总 顾 问　褚君浩（中国科学院院士）

主　编　冯　羽　何　鑫

科学顾问　何　鑫　张劲硕　程翊欣

编　委　（按姓氏笔画排序）
　　　　　冯　羽　李良辰　陈建伟　张树义　张恩东
　　　　　李　斌　何　鑫　金　佩　徐征泽　徐卓恺

美术指导　梅荣华

绘　图　（以下排名不分先后）
　　　　　沈　依　吴喻琦　尹妙琪　吴易蓉　王　甜　沈珺瑶
　　　　　王张阳　张懿萱　沈凡芸　陈奕华　吴玥文　林秋衡
　　　　　黄佳炜　谢若冰　于昊钧　毛思妍　陈美辰　杨欣如
　　　　　庄妍艳　朱安琪　刘馨怡　冯永明

技术支持　上海杰瑞兆新信息科技有限公司
　　　　　科大讯飞股份有限公司

特别鸣谢　中国科普作家协会
　　　　　中国极地研究中心
　　　　　上海市新闻出版局
　　　　　上海人民广播电台
　　　　　九三学社上海市委员会
　　　　　上海博物馆
　　　　　上海自然博物馆
　　　　　野去自然旅行
　　　　　上海市香山中学
　　　　　上海邮政博物馆
　　　　　上海市科普教育基地联合会
　　　　　上海市动物学会
　　　　　上海市科技传播学会

目 录

序

　　南极，地球最南端，在千里冰封的世界尽头，拥有极昼和极夜，冰川和苔原。辽阔，严寒，神秘，是我们不为所知的另一天地。于是，我们渴望了解，渴望知晓它的迥乎不同，它的妙处。

　　中国于1985年在南极建立了中国南极长城站，同年，中国南极长城站邮局正式对外营业。渐渐地，国人对南极的关注度提高了，了解南极的人也逐渐增多。这本书用第一手科学考察摄影和博物馆动物标本的照片，向读者展现了18种南极地区经典动物的故事。看这本书能欣赏到南极地区那不同种类的企鹅，它们各自有着不同的生活习性，有些擅长潜水，有些整天都非常吵闹，有些非常好斗，从企鹅、座头鲸、南极小须鲸、豹形海豹、威德尔海豹到黑眉信天翁等，各种动物悉数登场，让千里冰封的南极地区充满了生命力。

　　本书利用AR（增强现实技术）和AI（人工智能语音技术）与动物科普知识相结合，让我体验到全新科技互动阅读的乐趣；书内大量精彩的科考摄影图片，让我深感震撼，深受感染；书内的知识科学严谨，同时又生动有趣。在此，我特向广大读者推荐此书，它可以让您的阅读之旅变得神奇无比！希望更多的读者通过阅读这本书，了解南极地区的野生动物，加入到野生动物保护的行列中来，让我们的地球家园变得更加美好！

中国科学院院士

上海市科普教育基地联合会理事长

2019年6月

1

前 言

　　在地球的最南端，生存着许多动物，它们在极度寒冷的情况下，仍勇敢地挑战着生命的极限。为了生存，它们在体内积攒了厚厚的脂肪，或进化出了抗寒的外衣，在严峻的环境中谱写着生命的赞歌。

　　这些可敬可佩的勇士们都有谁呢？本书有针对性地选择了南极地区具有代表性的18种动物，它们分别是潜水高手帝企鹅、优雅绅士王企鹅、吵闹警官纹颊企鹅、好斗流氓阿德利企鹅、水中鱼雷白眉企鹅、蓝眼海鸟南极鸬鹚、海洋歌者座头鲸、轻盈群体南极小须鲸、企鹅梦魇豹形海豹、数量大户锯齿海豹、笑面渔者威德尔海豹、象鼻怪兽南象海豹、海狮代表南极海狗、海面舞者花斑鹱、嗜尸恶鸟巨鹱、俊眉遮丑黑眉信天翁、自食其力灰头信天翁、江洋大盗南极贼鸥。

　　让我们一起触摸生命的脉动，感悟生存的智慧吧！

一、南极在哪里？

　　南极是根据地球的旋转方式决定的最南点，它通常表示地理上的南极区域。按照国际上通行的概念，南纬60°以南的地区称为南极，它是南大洋及其岛屿和南极大陆的总称，总面积约6 500万平方千米。

图片来自于维基百科共享资源

南极大陆有多高冷？

　　南极大陆是地球上平均海拔最高的大洲，平均海拔高度2 350米，最高约5 140米。由于海拔高，空气稀薄，再加上冰雪表面对太阳辐射的反射等原因，使得南极大陆成为世界上最为寒冷的地区，东南极高原地区最为寒冷，年平均气温低达－57℃，最低气温为－89.2℃。南极东南极高原地区平均气温比北极还要低20℃。

　　南极大陆是指南极洲除周围岛屿以外的陆地，它孤独地位于地球的最南端。南极大陆95%以上的面积被厚度极高的冰雪所覆盖，素有"白色大陆"之称。其四周有太平洋、大西洋、印度洋，形成一个围绕地球的巨大水圈，呈完全封闭状态。在有些情况下，南极洲周围的海洋也被通称为南大洋。

南极大陆的风有多大？

南极大陆是风暴最频繁、风力最大的大陆，因此南极又被称为"风极"。风速在每小时100千米以上的大风在南极是经常可以遇到的。南极大陆沿海地带的风力最大，平均风速为每秒17—18米，而东南极大陆沿海一带风力最强，风速可达每秒40—50米。除了严寒之外，狂风则是科学考察人员在南极所遇到的另外一个天险。狂风会很快带走人体的热量，使人冻伤甚至冻死。极夜的风暴，其速度有时超过每秒40米（13级风），此时若有人置身户外，便会有生命危险。

南极有极光吗？

极光是在高纬度（北极和南极）的天空中，带电的高能粒子和高层大气中的原子碰撞造成的发光现象。南极有自己的极光，称为南极光。南极光看起来和北极光差不多，但由于南极比北极更为荒凉和人迹罕至，想看到南极光更困难，因此，北极光更为普及并得到人类几乎所有的注意力。

二、让我们一起来认识一下南极地区生活的动物吧！

潜水高手——帝企鹅

明星名片

学名*Aptenodytes forsteri*，有时也俗称为皇企鹅，是企鹅家族中体型最大最重的一种，也是唯一可长年居住在南极大陆而不随季节迁徙的企鹅。成年帝企鹅身高一般都在90厘米，最高可达120厘米，体重最重可达50千克。在野生环境，帝企鹅寿命一般在10年左右，个别寿命可达20年。帝企鹅一般在5岁时达到性成熟，是唯一在南极的冬季产卵和孵蛋的企鹅。帝企鹅主要以甲壳类动物为食，偶尔也捕食小鱼和乌贼，主要天敌包括巨鹱、豹形海豹、虎鲸、贼鸥和鲨鱼。

Emperor Penguin

界：动物界 Animalia
门：脊索动物门 Chordata
纲：鸟纲 Aves
目：企鹅目 Sphenisciformes
科：企鹅科 Spheniscidae
属：王企鹅属 *Aptenodytes*

企鹅是鸟吗？ 企鹅当然是鸟啊。虽然翅膀小了一点，但那也是翅膀啊，而且还有喙，身上有羽毛，这些都是鸟类的特征。其实，企鹅的祖先也是一类会飞的鸟，因为企鹅和其他会飞的鸟一样，有展翅飞行所需的"龙骨突"。另外企鹅小脑发达，而小脑是调节鸟类飞行的器官，可见飞行该有的"部件"企鹅都具备。企鹅因适应潜水，骨骼演化成实心的，比较重，而会飞的鸟类骨骼是空心的，比较轻。

帝企鹅的长相是什么样子的？ 帝企鹅身上长着黑白分明的羽毛，喙部呈现赤橙色。脖子下面生有一大片橙黄色的羽毛，自上而下逐渐变淡，耳朵后面颜色最深。帝企鹅幼鸟身体羽毛呈灰白色，头部为黑色，眼睛及脸颊处为白色。帝企鹅鳞片状的羽毛由多层羽毛压实在一起，能够非常好地抵御寒风。脚趾成爪状，能够紧紧抓住冰面。雌性和雄性帝企鹅在外观上很难区分。

帝企鹅是如何取暖的？ 每当恶劣气候来临，上万只帝企鹅会聚在一起，紧紧地依偎在着互相取暖，每只帝企鹅都会轮流站在队伍的边缘，负责抵御寒冷。过一段时间后，站在边缘的帝企鹅又会再次转移到队伍的中间来温暖自己的身体，这样，每只企鹅都能保持体温。2015年的一项研究表明，在最内层的企鹅可能会因为"太温暖"而需要出来透个气。企鹅群内部的温度高达37.5℃，位于企鹅群中间的企鹅，全身能散热的地方只剩头部以及呼吸时的气体交换，因此内层的企鹅也需要换到外层来散热。

帝企鹅的活动区域是怎样的呢？ 帝企鹅的活动区域主要有两处：一处为饮食区，一处为繁殖区，它们常年往来于这两个区域。成熟后的帝企鹅需要行进90千米到达繁殖地。每年3—4月，帝企鹅开始求爱，此时的气温一般都已降至﹣40℃。在南极的冬季来临之前，即每年的4—5月间，成年帝企鹅会在南极浮冰区行走50—120千米，迁至繁殖区生活。仅在每年的1—3月，帝企鹅才会分散到大洋中，分成小群进行捕食。在南极的夏季即将结束时，小企鹅和企鹅父母会一起返回大洋的捕食区。在夏季结束后，未达到性成熟的企鹅会继续留在捕食区，而那些成年的企鹅将重新开始返回繁殖区的旅程。

帝企鹅是如何潜水和在陆地上行走的呢？ 帝企鹅是海上的捕猎高手，可以潜入水底150—500米，最深的潜水纪录甚至可达565米。在水下，它们最长能屏住呼吸达1小时。它们的游行速度为时速6—9千米，爆发速度可达到时速约14.4千米。它们常用的一种捕食方法是潜入水底50米左右，然后在那里的浮冰下表面捕食贴近冰面游行的博氏南冰䲁（*Pagothenia borchgrevinki*），一般捕食6次后再浮出水面进行呼吸；在陆地上，帝企鹅靠双脚摇摇摆摆地行走，或以肥胖的肚皮紧贴雪地上，用后腿猛力蹬冰雪，以翅膀飞快滑雪，速度可达每小时30千米，看起来像快速滑行的雪橇。

帝企鹅是"一夫一妻"制吗？ 帝企鹅在每个繁殖季节都是一夫一妻制的，每年仅有一个伴侣，相互保持忠诚，共同繁育小企鹅。但是一年过后，多数帝企鹅都会更换伴侣。虽然大多数每年都与新个体形成新的配对，但一项研究发现，一年中有14.6%的配对在第二年重组，有4.9%的配对在第三年重组。帝企鹅的性别比例不平等，雌性多于雄性（一个地点39.5%为雄性，60.5%为雌性）。这种不平等的性别比导致雌性对配偶的激烈竞争。

谁来孵化小帝企鹅呢？ 每年5月份左右，帝企鹅妈妈开始产卵。帝企鹅妈妈每次只产一枚重约500克的蛋，此时它们身体储存的能量消耗殆尽，所以，在产下一枚蛋后，饥肠辘辘的它必须前往大海捕食来补充体力，于是孵蛋的任务就交给帝企鹅爸爸。帝企鹅爸爸腹部下方部位有一块布满血管的紫色皮肤的育儿保温袋，能让蛋在环境温度低达－117℃的低温时在36℃的舒适温度中孵化。在此期间，帝企鹅爸爸把蛋放在脚面上，用育儿袋包覆，孵化时间大约为65天。这期间，雄帝企鹅不进食，多数时间在睡眠中度过，依靠体中储存的脂肪度日，体重会减少40%左右。为了抵御大风（风速可达每小时200千米），帝企鹅爸爸会挤在一起，并且轮流换到外围。小帝企鹅出生两个月后，如果帝企鹅妈妈仍没有回来，小帝企鹅会停靠在帝企鹅爸爸的脚上，帝企鹅爸爸用育儿袋将小帝企鹅全身覆盖，再从食道的一个分泌腺中分泌出乳白色的乳状物质来喂食小帝企鹅。

小帝企鹅由企鹅爸爸还是企鹅妈妈照顾呢？ 帝企鹅妈妈大约出海两个月后，便会返回，它能在数以千计的帝企鹅爸爸中，通过叫声找到自己的丈夫和孩子，然后吐出储存在胃里的食物来喂食小企鹅。帝企鹅爸爸这时便会离开，去大海觅食，但它离开的时间将会比帝企鹅妈妈离开的时间短一些，因为渐暖的天气将会使大量的冰层融化，在陆地上行走的时间也会相对短暂。从此，双方轮流照看小帝企鹅和觅食。随着天气逐渐变暖，小帝企鹅出生大约两个月后也可以单独活动，会聚在一起互相取暖，像企鹅"幼儿园"，但它们仍需要父母的喂食。

小帝企鹅身上的绒毛防水防寒吗？ 小帝企鹅身上的浅灰白色绒羽可御寒防风，但不防水，因此，还不能下水捕鱼。防水的羽毛要等到它们快成年时才会长出来，慢慢地替换身上的绒羽，身体下方的绒羽会先脱落。

帝企鹅生活在南极海域，主要分布于南纬66°—78°的冰原、大陆架以及周围的岛屿。

判断对错

★ 1. 企鹅是哺乳动物。

★ 2. 帝企鹅最长能在水下潜水1小时。

★ 3. 小帝企鹅是由企鹅妈妈和爸爸轮流孵化的。

★ 4. 帝企鹅是在夏季繁殖的。

★ 5. 小企鹅身上的绒毛防寒，但不防水。

答案：1. ×　2. √　3. ×　4. ×　5. √

优雅绅士——王企鹅

明星名片

　　学名*Aptenodytes patagonicus*，是企鹅家族中体型第二大的种类。现存王企鹅数量约有400万只，被分为福克兰群岛王企鹅（Aptenodytes patagonicus patagonicus）和麦夸里岛王企鹅（Aptenodytes patagonicus halli）两个亚种，种群数量仍在继续增加中。成年王企鹅身高70—100厘米，体重从9.3—18千克。雄性比雌性稍大，成年雄性王企鹅的平均体重为12.4千克，成年雌性王企鹅的平均体重为11.1千克。王企鹅一般在3—5岁达到性成熟。它们的体重在整个繁殖季节变化，当这些王企鹅回到繁殖地并开始求爱时，它们的重量为10—15千克。在繁殖季节结束时，它们可能仅重8—11千克。人工圈养的王企鹅可以活26年。王企鹅主食小鱼，主要是灯笼鱼和鱿鱼等。与大多数南大洋掠食者相比，它们对磷虾和其他甲壳类动物的依赖性较低。

King penguin

界：动物界 Animalia
门：脊索动物门 Chordata
纲：鸟纲 Aves
目：企鹅目 Sphenisciformes
科：企鹅科 Spheniscidae
属：王企鹅属 *Aptenodytes*

你知道王企鹅名称的由来吗？ 王企鹅（*Aptenodytes patagonicus*）最早于1778年由英国博物学家及插图画家约翰·弗雷德里克·米勒（John Frederick Miller）进行描述，其属名"*Aptenodytes*"来源于古希腊语，意思是"没有羽翼的潜鸟"，而种本名"patagonicus"则源于临近南极的阿根廷地名巴塔哥尼亚。王企鹅与跟它们相似但体型略大的帝企鹅（*Aptenodytes forsteri*）同为王企鹅属最大的两种企鹅。

王企鹅与帝企鹅的区别在哪里？ 人们常将王企鹅和帝企鹅弄混。王企鹅的外形与帝企鹅相似，其躯体的大小仅次于帝企鹅，上身为蓝灰色，头部逐渐转变成黑色，腹部为白色至黄色，耳部为鲜橙色。它有细长而向下弯曲的黑色鸟喙，其下方为显眼的粉红色或橙色的颌部。王企鹅和帝企鹅的主要差异是王企鹅身材更"苗条"一些，嘴巴细长，头上、喙、脖子呈鲜艳的橙色，脖子下的橙色羽毛向下和向后延伸的面积比帝企鹅更大，并且脖子下方的橙色羽毛更为鲜艳，向下和向后延伸的面积较大，是企鹅中色彩最鲜艳的一种。

　　为什么说在繁育后代上，帝企鹅爱冬天，而王企鹅爱夏天？ 帝企鹅选择在七八月间南极最寒冷的冬天孵化企鹅宝宝，是因为这时期的敌害较少，企鹅宝宝成活的概率能大一些。到12月企鹅宝宝发育成熟，长出防水防寒的羽毛后，就能自食其力地独立生活了。王企鹅不像帝企鹅那样耐寒抗冻，所以它们选择在11月初南极的夏天，在地势不高的荒野地上产卵繁殖。王企鹅宝宝在相对温暖的夏天孵化，并利用丰富的食物加速成长，使小企鹅在冬天来到之前就能在海边自由来回，小宝宝们会在亚南极岛屿安全地度过冬天。王企鹅妈妈每次产卵一枚，大小约7厘米×10厘米，重300多克，孵化期约54天。刚生下来的小王企鹅，脖子很细，具有很大的翅膀，看起来就像能够飞行的鸟的翅膀一样。出生后的30—40天，父母轮流将其置于双脚上和肚皮下的位置，以便照顾初生幼儿。40天之后，企鹅宝宝会被送到"托儿所"，通过消耗脂肪储备来保持活力，互相取暖，避免被掠食者捉走，小王企鹅的爸爸妈妈每4—6周会来喂食一次。小王企鹅在成长过程中会长出一身温暖的、褐色的、无可挑剔的羽毛，同时还长出一层厚厚的脂肪，以保证在未来数月的冬季里可以保暖。小王企鹅从出生到独立生活需要14—16个月。雌王企鹅通常每两年会生下一只企鹅宝宝，或者在三年周期中平均生下两只企鹅宝宝。由于王企鹅在整个冬季都要喂养企鹅宝宝，所有它们的活动范围被限制在无冰区。

王企鹅吃什么呢？ 王企鹅捕食中小型鱼类，特别是会发光的灯笼鱼。它们也捕食鱿鱼，但不常见。它们的狩猎程序根据场合而变化，晚上它们在浅水区捕猎并只获得少量食物，白天它们则会在食物丰富且更容易捕获的地方活动。由于它们的能量消耗非常高，所以一天可以吃掉多达450条鱼。当父母负责喂养它们的企鹅宝宝时，它们能吃掉近4千克的食物，同时回流一部分食物以滋养它们的后代。它们会捕获那些具有生物发光能力的猎物，可能正是企鹅能在夜间追逐光亮点捕鱼的方式。

王企鹅是"一夫一妻"制吗？ 王企鹅每个季节只有一个伴侣，它们会与伴侣一起孵化蛋和护理企鹅宝宝。然而，与其他一些企鹅不同，王企鹅不太可能在第二年重新找到原来的配偶，大约70%的王企鹅会在来年找到新的配偶。

王企鹅分布于南纬45°—62°的亚南极地区，即南极洲的北部有分布，火地群岛、福克兰群岛等岛屿亦见有其踪迹。

判断对错

★ 1. 王企鹅比帝企鹅体型大。

★ 2. 王企鹅在夏天繁殖。

★ 3. 小王企鹅是由王企鹅爸爸孵化的。

★ 4. 小王企鹅长着褐色的羽毛。

★ 5. 王企鹅脖子下方的红色羽毛比帝企鹅更为鲜艳。

答案：1.× 2.√ 3.× 4.√ 5.√

吵闹警官——纹颊企鹅

明星名片

　　学名*Pygoscelis antarcticus*，也被称为帽带企鹅、颊带企鹅或南极企鹅，是最容易识别的企鹅之一，因为在它们的下巴下有一条从耳朵到耳朵的细黑线，像海军军官的帽带，显得威武、刚毅，这是它们的名字来源。纹颊企鹅体长在71—76厘米之间，重量在3—5千克之间。当游泳时，速度可达每小时32千米。在陆地上，它们经常利用肚子在地面上"平滑"，并使用它们的脚推动自己。它们3—7岁性成熟，寿命15—20年。通常是一夫一妻制，每年回到同一个伴侣身边。它们的天敌主要有豹形海豹、虎鲸、大型鲨鱼等。

Chinstrap Penguin

界: 动物界 Animalia
门: 脊索动物门 Chordata
纲: 鸟纲 Aves
目: 企鹅目 Sphenisciformes
科: 企鹅科 Spheniscidae
属: 阿德利企鹅属 *Pygoscelis*

纹颊企鹅的长相是什么样子的呢？ 与同属的阿德利企鹅长得相似，眼圈为白色，头部呈蓝绿色，嘴为黑色，嘴角有细长羽毛，腿短，爪黑。羽毛由黑、白两色组成，它们的头部、背部、尾部、翼背面、下颌为黑色，其余部分均为白色。唯一不同之处在于有一条黑色细带围绕在它们的下颌。躯体呈流线型，背披黑色羽毛，腹着白色羽毛，翅膀退化，呈鳍状，羽毛为细管状结构，足瘦腿短，趾间有蹼，尾巴短小，躯体肥胖，大腹便便，行走蹒跚。

纹颊企鹅聚集的地方为什么那么吵闹呢？ 纹颊企鹅通常通过复杂的仪式行为进行交流，包括头部和脚蹼挥动、呼叫、鞠躬等。在纹颊企鹅的群落中，作为筑巢材料的小石头通常是供不应求的，因此争吵十分常见。经验丰富的纹颊企鹅盗窃者会从任何其他没有防护的巢中采集筑巢材料。在求爱和交配仪式期间，雄性纹颊企鹅通过拍打胸部并向上伸展它们的头来进行交流，然后发出刺耳的尖锐声音，很快其他纹颊企鹅也会加入，从而创造了一个大规模的吹嘘声。这就像脾气暴躁的怒汉，在繁殖地大吵大闹；又像爱说三道四的人，在引颈高吭地说人是非。

纹颊企鹅是如何孵化企鹅宝宝的呢？纹颊企鹅有时候在冰山上繁殖，但通常它们比较喜欢在没有冰的环境下繁殖。它们建造的巢穴大致呈圆形，由石头组成，巢直径约为40厘米，高度为15厘米。纹颊企鹅会在2月或3月完成繁殖周期，每次产下约两枚卵，然后由父母双方轮流孵化，它们每隔5—10天交替一次。33—35天后，卵孵化成小企鹅，但小企鹅在巢中会再住20—30天，然后进入小企鹅"托儿所"，一群小企鹅挤在一起以获得温暖和保护。小企鹅有灰色的羽毛，黑色的嘴巴。50—60天后，小企鹅换羽成为成年企鹅后就可以出海了。

纹颊企鹅擅长潜水吗？纹颊企鹅不擅长潜水，它们每次潜水不到1分钟，深度不超过61米。虽然偶尔可以在远岸的海洋上看到它们，但它们主要在岸边捕食，以捕食磷虾、小型鱼类和其他水生的甲壳类动物为主。

当人类接近纹颊企鹅的时候，它们会怎么样呢？纹颊企鹅生性胆大，就算有人类接近时也不会逃开。

纹颊企鹅分布于南桑威奇群岛、南极洲、南奥克尼群岛、南设得兰岛、南乔治亚岛、布韦岛、巴勒尼群岛和彼得一世岛等地。

判断对错

★ 1. 纹颊企鹅脖子底下有一道黑色条纹。

★ 2. 小纹颊企鹅由父母双方轮流孵化。

★ 3. 小纹颊企鹅的羽毛是褐色的。

★ 4. 纹颊企鹅聚集的地方非常吵闹。

★ 5. 纹颊企鹅生性胆小，人一靠近就会逃跑。

答案：1.√ 2.√ 3.× 4.√ 5.×

好斗流氓——阿德利企鹅

明星名片

学名*Pygoscelis adeliae*，是南极大陆数量最多的企鹅。在企鹅家族中属于中小型种类，它长约50厘米，平均体重4.5千克。头部呈蓝绿色，嘴为黑色，眼圈呈白色，嘴角亦有细长的白色羽毛围绕，甚至掩盖着其黑色喙的大部分面积。其尾部比其他企鹅的尾部稍长。阿德利企鹅的寿命长达16年。它们的主要食物来源是磷虾，但也会吃鱼类和乌贼。体长46—71厘米，具有攻击性。它适于海洋中的游泳生活，翼成鳍状，衍变为游泳器官。它们喜集群活动，群体可达几十只到上百只，在繁殖期形成一夫一妻的配偶关系，并集大群地在陆地繁殖。阿德利企鹅和许多企鹅种类一样，雌鸟和雄鸟同形同色，从外形难以辨认。分布于环绕南极的海岸及附近岛屿，在海洋中越冬。

Adelie Penguin

界：动物界 Animalia
门：脊索动物门 Chordata
纲：鸟纲 Aves
目：企鹅目 Sphenisciformes
科：企鹅科 Spheniscidae
属：阿德利企鹅属 *Pygoscelis*

你知道阿德利企鹅名称的由来吗？阿德利企鹅的名称来源于南极大陆的阿德利地区，这一地区是1840年法国探险家迪蒙·迪尔维尔以其妻子的名字命名的。阿德利企鹅分布广，是南极最常见的企鹅。

阿德利企鹅是如何孵化企鹅宝宝的？阿德利企鹅居住在浮冰上，但却要在没有冰的陆地上进行繁殖。它们的繁殖地位于南极大陆的南纬60度以南的沿岸及部分亚南极岛屿，它们会在每年的10月抵达繁殖地。它们的巢是由石子堆积而成的。阿德利企鹅每次会产下两枚卵，在12月，也就是南极全年最暖和的季节（温度约为−2℃），它们就会开始孵卵；孵卵和哺育的责任由父母双方轮流负责，一方去觅食，另一方就留下来孵卵，而正在孵卵的一方在此期间不会进食。企鹅宝宝孵化出壳4周后，它将进入阿德利企鹅"托儿所"，以得到更好的保护。在"托儿所"期间，父母仍然会喂养它们的孩子。在"托儿所"度过56天后，大多数阿德利小企鹅变得独立。

阿德利企鹅为了筑起自己的巢穴都会做些什么？阿德利企鹅的繁殖季节在春季，此时，冰雪开始消融，为使娇嫩的卵保持在融雪之上，避免融雪后卵被水浸坏，阿德利企鹅必须用石子筑起一个合适的巢供孵卵时站立。阿德利企鹅的巢就等于我们的房子，筑巢的石子则是阿德利企鹅的金钱。阿德利企鹅喜欢群居，一块营地可能多达10万只企鹅，石子常常不能满足阿德利企鹅的筑巢需求，所以雄企鹅常偷取其他企鹅筑巢的石子，送到雌企鹅脚下。极少数雌性的阿德利企鹅会因采集卵石离开其雄性伴侣，并会向无伴侣的雄性同类求爱，以取得岛上奇缺的卵石来筑巢，而在完成交易后，这些雌性企鹅则会离开，并返回其伴侣身边。它们为了保护自己的巢穴，经常与"邻居"打架。

阿德利企鹅每年繁殖期都能重新回到自己的巢穴吗？阿德利企鹅每一对都能识别彼此的呼叫声以及前一年的筑巢地点。除非其中一只配偶没有返回筑巢地点，否则这些配对可能连续几年都会重新团聚。

阿德利企鹅每次会产下两枚卵，为什么通常只有一只小企鹅成活？当企鹅父母赶回家时，不会站在那里不动，而是故意奔跑，引诱孩子，企鹅宝宝就会争夺食物。这时父母要看看哪只孩子更强壮，更强壮的就认被为生存下去的几率高，就把食物喂给它，而落后的雏鸟必须下一次努力争夺食物，否则就会长不大，活不过冬季。这就是为什么通常只有一只小企鹅成活的原因了。

阿德利企鹅为什么要出卖队友？当准备下海捕捞一番之前，阿德利企鹅经常会在岸边聚集。而站在最边上的企鹅就比较倒霉了，因为后面的小伙伴总会趁其不注意，一脚把它踢下水。为什么要这样做呢？原来企鹅们也懂"枪打出头鹅"的道理。冰层下可能匿藏着一群嗷嗷待哺的海豹，而这第一只下水的企鹅，很可能就是海豹的盘中餐。如果这只"出头鹅"平安无事，后面的企鹅就纷纷跃进水中、畅游捕食。但若是这只企鹅被吃掉了，岸上的企鹅就会迅速作鸟兽散，撤离案发现场。

阿德利企鹅为什么会主动去保护小帝企鹅呢？小帝企鹅因为饥饿，被迫走向海边觅食，途中会遇到凶猛的天敌巨海燕，这时候雄起起气昂昂的阿德利企鹅赶了过来，虽然它们个子小，但打架可不是吃素的！它们不仅会帮小帝企鹅轰走巨海燕，还会一路护航，把它们送到海边。但事实又并非如此简单，因为阿德利企鹅行侠仗义也是出于私心的：阿德利企鹅12月上岸繁殖时，也正好是帝企鹅宝宝离开繁殖区走向大海开始独立生存的时候，如果不尽快把这群家伙赶走，阿德利企鹅自己的繁殖空间就会有限，所以阿德利企鹅在将小帝企鹅"护送"到海边后，就开始啄咬它们，硬生生地把它们赶下水。要知道，小企鹅的绒毛只要未退尽，下水就很危险。

为什么说雄性阿德利企鹅无"道德"底线呢？因为雄性阿德利企鹅强迫与受伤的雌性阿德利企鹅交配、殴打虐待幼年的企鹅、与同性之间进行交配、侵犯企鹅尸体，像一群流氓一样不断用恶意的行为激怒同类。这些"恶棍"企鹅还会在企鹅父母眼前践踏它们的孩子，导致企鹅宝宝受伤甚至死亡。

当人类接近阿德利企鹅的时候，它们会怎么样呢？阿德利企鹅性格凶狠，当人类接近它们时，会用嘴巴啄人类的脚。

阿德利企鹅仅在南极地区被发现，在南极洲的海岸和周围的岛屿上繁殖。阿德利企鹅种群最丰富的地区位于罗斯海。

判断对错

★ 1. 阿德利企鹅是在冬季孵蛋。
★ 2. 阿德利企鹅会殴打虐待幼年的企鹅。
★ 3. 阿德利企鹅经常会把站在最边上的企鹅踢下水。
★ 4. 阿德利企鹅会主动保护小帝企鹅。
★ 5. 阿德利雄企鹅常偷取其他企鹅筑巢的石子。

答案：1. × 2. √ 3. √ 4. √ 5. √

水中鱼雷——白眉企鹅

明星名片

　　学名：*Pygoscelis papua*，又名巴布亚企鹅、金图企鹅，是仅次于帝企鹅和王企鹅之后体型第三大的企鹅物种。成年企鹅高70—95厘米，平均高度75厘米，体重4.5—8.5千克，它们是企鹅家族中最快速的泳手，游泳的时速可达36千米。白眉企鹅在英语中的"Gentoo"是源于葡萄牙文的"异教徒"（Gentio）一字，因为其头部有白色带状、类似头巾的花纹。白眉企鹅是阿德利企鹅属（*Pygoscelis*）的三个成员之一。白眉企鹅最长的潜水时间仅持续0.5—1.5分钟，很少有超过2分钟的，通常仅潜水3—20米，偶尔潜水深达70米。白眉企鹅是一夫一妻制，一般可以活上15—20年。

Gentoo penguin

界：动物界 Animalia
门：脊索动物门 Chordata
纲：鸟纲 Aves
目：企鹅目 Sphenisciformes
科：企鹅科 Spheniscidae
属：阿德利企鹅属 *Pygoscelis*

水中游得最快的鸟是什么鸟？ 如果说在陆地上跑得最快的鸟是鸵鸟，你还能猜得到，那么在水中游得最快的鸟是什么鸟，你可能要好好想一想了。没错，那就是白眉企鹅。这位跨界高手以最大爆发时速27.35千米，成功登顶水中游得最快的鸟之王位。被称为"水中鱼雷"的白眉企鹅是地球上最独特的鸟类之一，还是数一数二的可爱动物，胆小而温顺。

白眉企鹅建巢穴有哪些讲究呢？ 白眉企鹅通常喜欢沿岸线、海拔115米、地势平坦的朝北方向建巢。首先，沿海岸线可以方便它快速获取食物；其次，海拔高的地区积雪往往首先融化，海拔越高，随着雪在夏季开始融化，淹水的可能性降低；再次，这些地区的地形也很平坦，有助于稳定它们的巢；最后，喜欢朝北的地方进行筑巢，这被认为与吸收太阳辐射有关。

白眉企鹅和其他企鹅在外形上有什么区别呢？ 白眉企鹅和其他企鹅物种之间的主要区别在于它们的头部标记。白眉企鹅眼睛周围有两个白色条纹，通过头顶上方的中心线连接。它们的头部大多被黑色羽毛覆盖，但也可以找到小的白色羽毛斑点。与其他种类的企鹅相比，它们的尾巴上具有更长的羽毛，由14—18根羽毛组成，长约15厘米。它们的脚粗壮，肥胖，有蹼。脚掌是鲜橙色的，有长长的黑色爪子。白眉企鹅的嘴细长，嘴角呈红色，眼角处有一个红色的三角形，显得眉清目秀。雄性和雌性之间的差异很小，区分性别的主要特征是大小。雄性白眉企鹅在几乎所有方面都比雌性大得多，例如鳍状肢长度和身高等。幼白眉企鹅背部呈灰色，腹部呈白色。

白眉企鹅什么时候开始繁殖呢？ 白眉企鹅11月来到栖息地交配，12月底至翌年1月左右孵出雏鸟，之后1—3月份就由父母抚育雏鸟，一直到夏季结束。雌白眉企鹅每次产2枚卵，呈球形，绿白色，平均卵重为125克，约36天孵化，每次抚育2只小企鹅。刚刚孵化出来的企鹅宝宝重约96克，在前三到四周，父母轮流获取食物并为小企鹅反刍喂食。在孵化期，白眉企鹅的雄鸟和雌鸟通常每1—2天会轮换一次孵卵或育雏任务，因此在繁殖期的大部分时间内，它们不必像帝企鹅那样进行长时间的禁食。不过在繁殖期，白眉企鹅只在群居地方圆10—20千米的范围内活动。这个阶段结束后，小白眉企鹅开始离巢，并与其他小伙伴成群结队在一起活动，这样有助于防止掠食者，而父母双方都在为不断长大的企鹅宝宝寻找食物。小白眉企鹅长到约3个月（80—100天）大时会换上成年企鹅的羽毛，并能入海觅食。

白眉企鹅的巢穴是什么样子的呢？ 雄性和雌性白眉企鹅都参与筑巢。巢由一大堆石子绕圈而成，呈碗状，边缘宽，中空。其大小不可小觑：高10—20厘米，直径大约45厘米。巢穴由筑巢地点周围的小石子筑成，包括从其他巢中偷来的石子。一般中等大小的巢可由1700多颗鹅卵石组成。虽然鹅卵石是筑巢穴主要材料，但有时还会使用蜕皮的羽毛、树枝和其他植被的某些部分。

白眉企鹅主要吃什么呢？ 白眉企鹅通常在近海较浅处觅食，主要食物为鱼和南极磷虾，后者是白眉企鹅的首选猎物。白眉企鹅主要以捕食磷虾等甲壳类动物为生，而鱼类仅占其中的百分之十五。然而白眉企鹅也是机会主义者，福克兰群岛（亦称马尔维纳斯群岛）四周的海域有大量的鱼类、甲壳类及鱿鱼，它们都会去捕食，因此它们的食物其实是多元化的。

白眉企鹅的天敌有哪些？ 白眉企鹅的主要天敌是贼鸥、豹形海豹等捕食性动物。在水中，海狮、海豹和虎鲸会捕食白眉企鹅。在陆地上，成年的白眉企鹅并不会受到威胁，但贼鸥等掠食性鸟类却会偷取企鹅蛋并猎杀企鹅幼雏。

白眉企鹅分布于阿根廷、智利、福克兰群岛、赫德岛、麦克唐纳群岛、南乔治亚岛和南桑威奇群岛。在南极半岛和南大洋中的岛屿，特别是英属福克兰群岛上数量较多。

判断对错

★ 1. 白眉企鹅是水中游得最快的鸟。
★ 2. 白眉企鹅眼睛周围有两个白色条纹。
★ 3. 白眉企鹅雄性负责筑巢。
★ 4. 小白眉企鹅是由企鹅爸爸负责孵化。
★ 5. 白眉企鹅喜欢朝南的地方进行筑巢。

答案：1.√ 2.√ 3.× 4.× 5.×

蓝眼海鸟——南极鸬鹚

明星名片

　　学名Leucocarbo bransfieldensis，是鸬鹚科蓝眼鸬鹚属的鸟类，南极鸬鹚是南极洲唯一的鸬鹚家族成员。南极鸬鹚身高60—88厘米，雄性大于雌性。雄性的体重为2040—2560克，雌性体重为1590—2160克；雄性的翼展为287—317毫米，雌性的翼展为269—298毫米。南极鸬鹚嘴长，上嘴两侧有沟，嘴端有钩，适于啄鱼；下嘴基部有喉囊；鼻孔小，颈细长；两翅长度适中；尾圆而硬直，脚位于体的后部；趾扁，后趾长，有蹼相连。

Antarctic Shag

界：动物界 Animalia
门：脊索动物 Chordata
纲：鸟纲 Aves
目：鹈形目 Pelecaniformes
科：鸬鹚科 Phalacrocoracidae
属：鸬鹚属 *Leucocarbo*

　　南极鸬鹚长相是什么样子的呢？ 南极鸬鹚具有光泽的黑羽毛，白色的胸、腹和脖子，黑眼睛周围是一圈裸露的蓝皮，明亮的柑橘色鼻肉冠及略带粉红色的腿和脚。

　　南极鸬鹚是怎样繁殖的呢？ 南极鸬鹚在南极的夏季（10—12月）繁殖，大都在南极半岛和亚南极的岛屿上筑巢生蛋，巢经常出现在岩石的平面上，由海藻、羽毛、枝条和贝壳筑成。雄性和雌性南极鸬鹚共同筑巢。这些巢类似于一座微型火山，中间有一个凹面来容纳蛋。一次可产3个白色或淡蓝色的蛋，并可同时抚育3只雏鸟。小雏鸟无羽毛，这在寒冷的南冰洋活动的海鸟中是极为特异的，但很快它们就会长出一些黑褐色羽毛。

南极鸬鹚是怎样给雏鸟喂食的呢？ 雏鸟双亲都参加抚育工作，喂雏的方法是把鱼贮藏于粗大的食管内，在喂食时，亲鸟张开嘴，雏鸟伸嘴入亲鸟的咽部，在亲鸟的口腔内啄食半消化的鱼肉。喂水时，亲鸟会将取来的淡水从嘴里喷出，注入雏鸟嘴里。雏鸟一般两个月左右就可随其父母下海游泳、捕食。

南极鸬鹚主要吃什么呢？ 南极鸬鹚独自或小群体觅食。通常只在近海活动并可以深潜捕食，在水中取食时游得很低，常凝视水面确定鱼的位置后再潜水追捕猎物，然后将鱼带到水面，吞进宽大的咽喉。食物主要为鱼类，也捕食甲壳类、鱿鱼和底栖无脊椎动物。

南极鸬鹚是"一夫一妻"制吗？ 南极鸬鹚是"一夫一妻"制。南极鸬鹚夫妻经常返回到同一个巢点，但配偶可能每年都会改变。

南极鸬鹚潜水捕鱼后，能立即飞翔吗？ 南极鸬鹚潜水时至少可以达到25米的深度，潜水后羽毛湿透，需张开双翅在阳光下晒干后才能飞翔，所以经常可以看见它们伸开翅膀站立着。

南极鸬鹚分布于南极地区，包括南极大陆、南极半岛以及南设得兰群岛、南乔治亚岛等若干座岛屿。

判断对错

★ 1. 南极鸬鹚潜水捕鱼后立即飞翔。

★ 2. 南极鸬鹚在夏季繁殖。

★ 3. 小南极鸬鹚刚生出来没有羽毛。

★ 4. 南极鸬鹚的巢穴是由小石头组成的。

★ 5. 雄性和雌性南极鸬鹚共同筑巢。

答案：1. × 2. √ 3. √ 4. × 5. √

海洋歌者——座头鲸

明星名片

学名：*Megaptera novaeangliae*，也被称为大翅鲸，是鲸类中须鲸科的著名代表，但与其他最典型的须鲸相比，单独处于座头鲸亚科的座头鲸体型相对较短而宽，体长13—15米，体重28—33吨，雌鲸略大于雄鲸。座头鲸的身体背部和侧面为黑色，有时带有淡褐色，比其他须鲸颜色更深，但喉部、胸部和腹部则颜色多变，从白色、灰色到带有斑点的黑色都有，而且体腹面具有20—30条褶沟。虽然座头鲸并非须鲸科中最大的种类，但由于它具有巨大的鳍状肢、频繁的跃身击浪行为和美妙深邃的歌声，所以广为人知。座头鲸广布于全世界的海洋中，常常呈小群一起出现，它们具有迁徙的习性，每年往返于南北两极，距离超过25000千米。热带或亚热带水域是它们繁育后代的场所，极地水域则是它们最爱的狩猎场，而南极附近的海域尤其是它们频繁出没的区域。它们主要以磷虾等小甲壳类和集群栖息的小型鱼类为食。

Humpback Whale

界：动物界 Animalia
门：脊索动物门 Chordata
纲：哺乳纲 Mammalia
目：鲸偶蹄目 Cetartiodactyla
科：须鲸科 Balaenopteridae
属：座头鲸属 *Megaptera*

座头鲸名字中的"座头"是什么意思？ 相比于大翅鲸，人们可能更为熟悉座头鲸这个名字。不过"座头"两字其实源于日语，意思是"琵琶"，用来形容座头鲸背部弯曲的形状。而座头鲸的英文名Humpback Whale也有异曲同工之妙，直译过来就是"驼背鲸"。与其他鲸类同伴相比，座头鲸的背部没有那么平直，而是向上弓起，形成一条优美的曲线，这就是"座头"和"驼背"的来历。

座头鲸的"大翅"具有哪些特点？ 除了弯曲的背部，座头鲸最大的特点就是它巨大而狭长的鳍状肢了，这对鳍状肢长度能够达到身体长度的三分之一，最大能够达到5—6米，所以挥动起来十分壮观。这正是它们的另一个中文名——座头鲸名字的来源。而且在鳍状肢的前缘还长着9—10个圆丘状的皮质瘤，从而使得这对鳍状肢的前缘形成波浪状或锯齿状的外形轮廓。而这些凹凸不平的突起部位会成为鲸藤壶的附着之地，如此一来，座头鲸的这对大翅又成为它们有效的防身武器。因为面对虎鲸等捕食者时，参差不齐的鳍状肢边缘能够对天敌形成足够的威慑力。甚至有的座头鲸还会出现依靠"大翅"仗义解救被虎鲸攻击的其他须鲸同胞的案例呢。而且，座头鲸是大型须鲸类中唯一一种能够以巨大的鳍状肢划水，进而使自己庞大的身躯全部跃出水面的鲸种。座头鲸跃身击浪的高度甚至能够达到6米，伴随着它们背部落入水中，激起巨大的浪花，发出巨大的声响。而这也激起人类的许多想象，在许多幻想画面中，都有座头鲸依靠这对"大翅"飞上蓝天的场景。

座头鲸的身体还有哪些特点？ 除了驼背和大翅，座头鲸的身体相对短而宽，再加上头部相对比较大，所以看起来有点胖胖的感觉。座头鲸是须鲸中体围最大的动物，比蓝鲸还要大。而在它的头部前端、上下颌的前端和两侧都长有许多皮质瘤，这些疣瘤还会随着个体的增长而增大，直径可以达到20—30厘米，而且如果仔细看的话，大多数瘤上还长有1—2根灰色的触毛。除此之外，座头鲸的尾鳍也很宽大，同样可以达到体长的三分之一，大于其他鲸类。而且它们也很喜欢在进行大潜水时，将自己巨大的尾叶扬出海面，留下惊人的身姿。它们的尾叶颜色通常上面为黑色，下面为白色，但也有的个体拥有全黑色的尾叶，有的上面还有众多的小斑点和划痕。每一头座头鲸的尾叶形状、颜色和花纹都会各不相同，有经验的研究者甚至能够通过这些特点分辨座头鲸的不同个体。

座头鲸是怎样捕食的呢？ 当座头鲸捕食时，它们常常会围绕着磷虾群或鱼群游动，逐渐缩小包围圈，躬起腰部，用巨大的鳍状肢击打水面，将鱼虾的群体驱赶得更为密集，然后侧身返回急速冲向目标，将下颌的褶沟张大，张开大口连带海水一起，吞进大量的鱼虾，接着将嘴闭上，将水排除出去，而把食物吞食。还有些时候，座头鲸会不断地在猎物下方游动，吐出空气，使一连串的空气泡形成一种圆柱形或管形的气泡网，把鱼虾等猎物集中包围在这些气泡的中间，然后从下往上进行吞食。

座头鲸为什么要唱歌？ 绝大多数须鲸都能够让气体通过巨大的鼻腔来发出声音，但大多数种类所发出的声音频率低于人类的听力范围，所以我们很难察觉。但座头鲸不一样，它们的声音频率十分宽广，所以我们才有机会听到它们婉转深邃的曼妙歌声。而且座头鲸所发出的声音一点也不单调，它们会用不同频率的声音进行组合，形成复杂的"歌曲"，每首歌曲由低音域中的几个声音组成，在振幅和频率上有所变化，通常持续10—20分钟。有研究显示，在不同区域生活的座头鲸族群"曲目"各有不同，但它们甚至能够做到相互学习，改进自己的"传统曲目"。而且，大多数高亢复杂的歌声都来自座头鲸的雄鲸，雌鲸的声音则相对简单许多。科学家们推测这些歌声可能是座头鲸相互沟通的途径，但更有可能是雄性取悦雌性的一种方式。

座头鲸面临着哪些威胁？ 和其他大型鲸类一样，座头鲸也曾经是商业捕鲸业的主要目标。在20世纪，有超过20万头的座头鲸被人类捕杀，整个种群数量降到濒临灭绝的边缘。据统计，在1966年人类全面禁止商业捕鲸之前，它们的种群已经下降了90%之多。随着近半个世纪保护工作的开展，现今座头鲸在全球的种群数量已经恢复到80 000头左右，但是与人类所布下的大型渔网缠结、与人类的船只碰撞所造成的死伤以及噪声污染和一些国家时有发生的捕捉事件，仍然继续影响着这些海洋歌者的未来命运。

座头鲸广布于全球各大海洋，分布范围从南极冰缘延伸到北纬65°。座头鲸具有迁移行为，它们夏季生活在凉爽的高纬度水域，但是会前往热带或亚热带水域交配繁殖。

判断对错

★ 1. 座头鲸是尾鳍最大的鲸。
★ 2. 座头鲸不能够像海豚一样跃出水面。
★ 3. 大多数雌性座头鲸能够唱出复杂的"歌曲"。
★ 4. 座头鲸能够用鳍状肢来对抗虎鲸。
★ 5. 座头鲸目前已经不再受到人类的威胁了。

答案：1.√ 2.× 3.× 4.√ 5.×

轻盈群体——南极小须鲸

明星名片

学名：*Balaenoptera bonaerensis*，是南极海域最常见的须鲸类，它们体长7.2—10.7米，体重5.8—9.1吨，雌鲸比雄鲸略重。南极小须鲸体型短粗，头部较小，身体腹面具有50—72条褶沟。南极小须鲸的体背面为带有浅蓝色的暗灰色或灰黑色，背部颜色最浓，体侧颜色逐渐变浅，下颌、胸部和腹部则为乳白色，腹部有两条浅灰色斑纹沿两侧向上延伸，而它们的褶沟甚至还会呈现出淡淡的粉红色。与大多数须鲸类似，南极小须鲸也主要以磷虾为食。

Antarctic Minke Whale

界：动物界 Animalia
门：脊索动物门 Chordata
纲：哺乳纲 Mammalia
目：鲸偶蹄目 Cetartiodactyla
科：须鲸科 Balaenopteridae
属：须鲸属 *Balaenoptera*

　　南极小须鲸与小须鲸之间是什么关系？ 与南极小须鲸亲缘关系最近的种类是主要分布在北半球北冰洋、北太平洋、北大西洋的小须鲸（*Balaenoptera acutorostrata*），小须鲸又被叫作小鳁鲸。它们曾经和南极小须鲸一起被认为是一个物种的不同亚种。但随着科学研究的深入，南北半球的小须鲸在20世纪90年代被拆分成两个独立的物种。生活在南半球海洋的就成为我们今天所说的南极小须鲸了。在体型上，南极小须鲸是仅次于小露脊鲸（*Caperea marginata*）和须鲸的世界上体型第三小的须鲸类。而与北半球的小须鲸相比，南极小须鲸的鳍状肢中间没有白色的斑点，除此之外，它们在骨骼和体色上也有许多细微的差别。造成两个物种分化的原因是随着气候的变化，南极小须鲸和小须鲸的祖先分别适应了各自分布区域的气候，赤道附近的热带海域对它们之间的交流造成了阻隔，所以随着时间的推移，它们就逐渐演化为不同的物种。

南极小须鲸在南极海域如何生活的？ 相对于那些体型巨大的须鲸同类，小须鲸的活动区域更靠近南极地区的寒冷区域。相对于那些更为开阔的水域，小须鲸更喜欢在相对封闭、浮冰密布的海域活动，看起来这样的环境对于它们来说十分艰难，但体型相对娇小的小须鲸却适应得很不错。南极小须鲸会在冰层中寻找裂缝和空洞进行换气呼吸，它们甚至可以用自己的吻部撞破冰层创造呼吸孔。与那些磷虾和鱼都在食谱中的其他大多数须鲸同类相比，南极小须鲸与世界上体型最大的鲸类——蓝鲸一样，几乎完全只依靠捕食磷虾生存。而它们的天敌则是南极海域一些专门喜好捕食须鲸类的虎鲸群体。

南极小须鲸一直生活在南极吗？ 南极小须鲸虽然名字里带有南极两字，而且它们也主要生活在南极海域，但并非所有的南极小须鲸全年都会在南极停留。南极小须鲸的大多数种群在南半球的冬季时会分别向北方的澳大利亚东北部、非洲南部及巴西海岸东北部迁徙，并在那里完成繁殖。只有少数南极小须鲸的个体会全年停留在南极海域附近生活。

南极小须鲸更喜欢集群还是单独生活？ 在鲸类的世界中，家族纽带是十分重要的，南极小须鲸也不例外。而且可能是因为体型比较小的缘故，南极小须鲸比其他须鲸更喜欢集群生活。在南极海域，除了有四分之一的个体单独活动和五分之一的个体成对活动外，其余的南极小须鲸都选择在群体中一起生活，甚至有记录过60头小须鲸一起活动的场景，这么大的群体在须鲸中是十分罕见的。虽然在离开南非海域返回南极的南极小须鲸群体中，有接近一半的个体选择独自返回，还有三分之一的个体成对行进，但科学家们仍然记录过最大达到15头个体的群体。在巴西，类似的最大纪录则达到17头个体。

南极小须鲸面临着哪些威胁？ 和那些大型鲸类相比，小须鲸和南极小须鲸的体型小，所以体内的鲸脂含量相对不高，所以在历史上人们曾经并没有将它们当作主要的商业捕鲸目标。所以，相对而言，南极小须鲸的种群所遭受的破坏程度比较低。据估计，目前南极小须鲸的数量仍然在10万头以上，这在须鲸类群中已经属于数量相当多的案例了。有科学家认为，南极小须鲸可能是现存数量最多的须鲸类。但是现在一些国家仍然以科研捕鲸为名，在南极海域捕杀南极小须鲸供给国内的肉类消费。从长远来看，仍然可能对南极小须鲸种群的未来造成难以估计的影响。

南极小须鲸主要分布于南极周围海域，在冬季也会迁徙至接近赤道的南半球其他海域。

判断对错

★ 1. 南极小须鲸是世界上体型最小的须鲸。

★ 2. 南极小须鲸只生活在南极。

★ 3. 南极小须鲸几乎只以磷虾为食。

★ 4. 南极小须鲸没有天敌。

★ 5. 南极小须鲸喜欢成群活动。

答案：1.× 2.× 3.√ 4.× 5.√

企鹅梦魇——豹形海豹

AR魔法图片

明星名片

　　学名：*Hydrurga leptonyx*，有时也被称为豹海豹，体长3—4米，体重300—500千克，雌性比雄性略大一些。在海豹中，豹形海豹的体型仅次于南象海豹，是南极地区第二大海豹物种。豹形海豹的背部体色主要由银灰色过渡到深褐色，身体腹面则偏白色和浅灰色，身体两侧则有许多过渡色的斑点。豹形海豹的食谱十分广泛，捕食能力出众，尤其以捕捉企鹅闻名于世。作为豹形海豹属的唯一物种，它的属名Hydrurga的意思就是"水手"，而种加词leptoyx则是"小爪子"的意思，这倒也反映了豹形海豹凶猛的习性。整个南极的豹形海豹种群数量估计在22万到44万只。

Leopard Seal

界：动物界 Animalia
门：脊索动物门 Chordata
纲：哺乳纲 Mammalia
目：食肉目 Carnivora
科：海豹科 Phocidae
属：豹形海豹属 *Hydrurga*

豹形海豹为什么具有顶级捕食能力呢？ 与大多数看起来萌态可掬的海豹同类相比，豹形海豹从形象上就颇为不同。大多数海豹的身体圆滚滚的，给人一种虚胖的感觉，并且脑袋与身体相比并不是很大。而豹形海豹体型则略显修长，十分结实强壮，并且豹形海豹的头部相对又长又大，甚至给人一种史前爬行动物的感觉。豹形海豹的下颌十分强壮，上下颌可以大幅张开，其间夹角甚至能够大于160°，这是一个相当恐怖的角度。再加上豹形海豹具有十分发达的犬齿，长度可达到2.5厘米，这使得它们捕食时撕咬能力十分强悍。它们捕食企鹅时，会在冰层边缘等待企鹅下水，然后一口叼着企鹅的脚，剧烈地甩动猎物，并不断地将猎物的身体掀起撞击水面，待猎物死亡后，再将猎物撕碎成小块进而取食，整个场面很是血腥。

豹形海豹的猎物有多丰富呢？ 豹形海豹有如此尖利的牙齿，捕捉阿德利企鹅、帽带企鹅、白眉企鹅、跳岩企鹅等小体型的企鹅当然不在话下。而对于成年的豹形海豹而言，即使是体型颇大的帝企鹅和王企鹅，甚至是一些小体型的海豹种类，乃至南象海豹的幼崽，同样也在它们的食谱中。除此之外，鱼类、乌贼等头足类动物、螃蟹等甲壳类动物，甚至海鸟都会被豹形海豹所捕食，如果遇到鲸类的尸体，豹形海豹同样也会来者不拒。作为处在南极食物链顶端的豹形海豹，虎鲸是它们唯一的天敌。不过在大多数情况下，虎鲸也会对豹形海豹颇为忌惮，毕竟豹形海豹可不是普通海豹那样任人宰割的对象。

豹形海豹只爱捕食大型猎物吗？ 对于年轻的豹形海豹个体而言，捕捉企鹅这类猎物并不是一件容易的事，所以许多豹形海豹同样会以磷虾、鱼类和头足类作为自己的主要食物，尤其在其他食物来源匮乏的南极冬季。毕竟捕捉磷虾等小型猎物，比费力守候一只速度迅捷、反抗能力也不差的企鹅要容易许多。而且在豹形海豹的血盆大口中，除了尖利的犬齿，它们的臼齿结构也十分出众，每颗臼齿都具有三个明显的结节互扣，这可以帮助它们锁住磷虾等猎物，轻而易举地排出吞下的海水。不过随着豹形海豹的成长，当它们足够强壮时，强悍的尖牙利齿会驱使它们更多地尝试捕捉企鹅和其他小型海豹。

豹形海豹分布在哪些海域呢？ 豹形海豹的分布范围遍布南极大陆边缘所有海域，也能分布到南美洲最南部的一些岛屿区域，甚至有些豹形海豹的个体还能漫游到澳大利亚、新西兰和南非的附近海域。不过它们最主要的栖息场所还是南极海域的浮冰区域。在南极的夏季，它们更靠近南极大陆的浮冰区，这里成了它们全天候的猎场；而到了南极的冬季，豹形海豹则会转移到纬度更偏北的亚南极区域的岛屿附近觅食。

豹形海豹会在海中成群出没吗？ 与许多海豹喜欢集群生活、一起捕猎、一起晒在海滩上不同，豹形海豹是独栖性动物，它们大多数时间都是独来独往的。只有在繁殖期交配时才会成双成对出没。待到幼崽出生，雌性的豹形海豹会选择继续留在南极大陆附近海域抚育自己的孩子，而不会像体型更小的雄性豹形海豹游荡到低纬度的区域生存。

豹形海豹为什么会有独特的鸣叫行为？ 许多海豹都会发出各异的嘶吼鸣叫声，而大多数声音都是当海豹们待在陆地上时发出的。但豹形海豹具有一种独特的水下鸣叫行为。它们能够通过弯曲的背部，使得头颈部和胸部充气，然后发出独特的鸟叫般的颤音。科学家们已经能够鉴别出其中的二十余种独特的颤音，其中有些频率高，有些频率低，有些是单音节，有些则是双音节。有的科学家认为这种叫声是宣示自己领域的一种标记行为，毕竟豹形海豹是独居动物。还有的科学家认为，豹形海豹频繁发出叫声时大多处于南极的夏季，而这正是豹形海豹的繁殖季节，而且雄性往往会发出更为高亢的叫声，所以这些叫声可能与配偶间的相互召唤和吸引有关。

豹形海豹是如何繁殖的？ 豹形海豹的婚配制度为"一夫多妻"制，一只正值壮年的雄性豹形海豹会在交配期内与多个雌性豹形海豹交配，尽力传递自己的基因。而且它们的交配行为是在水中完成的。在繁殖季节后很快就回到独居的生活方式。雌性豹形海豹的妊娠期平均为274天，与人类很接近。不过雄性豹形海豹不会参与幼崽的照料，大多数雌性豹形海豹会选择在浮冰上产下自己的后代。

豹形海豹主要分布于有冰山和较小冰川的南极浮冰区，冬季会向北迁徙至亚南极群岛区域。

判断对错

★ 1. 豹形海豹只捕食企鹅。
★ 2. 豹形海豹会在水中鸣叫。
★ 3. 豹形海豹只生活在南极海域。
★ 4. 豹形海豹成群栖息。
★ 5. 豹形海豹的张口夹角能够超过160度。

答案：1.✗ 2.✓ 3.✗ 4.✗ 5.✓

数量大户——锯齿海豹

明星名片

学名：*Lobodon carcinophagus*，还有一个广为流传的名字叫作食蟹海豹，这也是它英文名的直译。然而事实上，食蟹海豹的主要食物仍然是磷虾，并不是蟹类。锯齿海豹的平均体长在2.3米左右，体重200多千克，最大的个体体重能达到300千克，雌性大于雄性，属于一种中等体型的海豹种类。它们的体色从银灰色到深灰色都有，不过背部的颜色都要比腹部更深。而且锯齿海豹在全年间毛色会不断变浅，到南极的夏季时，有些个体会呈现出棕黄色的体色。而当它们完成换毛后，有些刚刚换好毛的锯齿海豹看起来体色会比别的同类深很多。

Crabeater Seal

界：动物界 Animalia

门：脊索动物门 Chordata

纲：哺乳纲 Mammalia

目：食肉目 Carnivora

科：海豹科 Phocidae

属：锯齿海豹属 *Lobodon*

又叫作食蟹海豹的锯齿海豹为什么不爱吃蟹？其实锯齿海豹并不是不爱吃蟹，主要原因是蟹类在南极海域数量不是很多，所以它们并非锯齿海豹的主要食物来源。至于它名字的由来，很大程度上是由于人们最早对于锯齿海豹牙齿的误解。锯齿海豹的牙齿细小如叶状，人们误以为它们能用这样的牙齿很方便地捕食蟹类。所以在它的学名中，源自希腊语的属名 *Lobodon* 中，前半部源自Lobs即是瓣状的意思，后半部则来源于odous，意思是牙齿，形容锯齿海豹的牙齿呈现瓣状。而它同样源于希腊语的种加词 *carcinophagus*，直接就是蟹加吃的意思。然而事实上，食蟹海豹并不以蟹类作为自己的主要食物来源，相互交错的牙齿其实特别适合过滤磷虾等小甲壳动物猎物，再加上上颌和下颌的紧密配合，使得锯齿海豹的嘴形成一个完美的筛网，将磷虾困于其中。在锯齿海豹的食谱中，磷虾所占的量超过90%。

锯齿海豹的体色究竟是什么颜色呢？ 与其他海豹相比，锯齿海豹的体色十分多变。多数情况下，锯齿海豹的体色呈现银灰色到深灰色，但背部的颜色都要比腹部更深，鳍状肢附近的颜色也要更深。但每当锯齿海豹换上一身新毛后，它们的毛色就会处在不断变浅的过程中。到南极的夏季时，有些个体会呈现出棕黄色的体色，腹部甚至会呈现金黄色。所以当有的个体完成换毛焕然一新后，看起来体色会比别的同类深很多。而锯齿海豹的幼崽从出生时起到断奶前的第一次换毛前，身上都是一层浅棕色的绒毛。之后它们身上会有许多网状的巧克力色斑纹，身体侧面也会出现不少斑点。但随着继续成长，它们的毛色也会越来越深，最终呈现成年个体的深灰色体色。

锯齿海豹在陆地和冰面上如何生活？ 当锯齿海豹在陆地或冰面上生活时，它能够做到其他海豹很难做到的抬起头部和拱起背部的动作。当它想在冰面上移动时，会将前肢的收缩与腰部的起伏结合起来帮助自己向前运动。这种运动会在冰面上留下不规则的蛇形一般的行动轨迹。不过别看动作稍显别扭，但与别的海豹只能努力在陆地上扭动相比，锯齿海豹在海豹家族中的行进速度相当惊人，短距离的极限时速可以高达19—26千米/小时。甚至有一个极端的案例，有科学家在距离海岸100千米远、比海平面高出1 000米的区域发现了锯齿海豹的尸体。这只误入歧途的锯齿海豹虽然很可怜，但倒也从另一侧面说明了它们在陆地上的运动能力。

锯齿海豹的游泳本领高强吗？ 对锯齿海豹而言，在陆地或冰面上的运动很多时候是迫不得已的，而进入水中游泳，才是它们最舒服的运动形式。有卫星跟踪数据的保守估计显示，锯齿海豹的游泳速度为66千米/天和12.7千米/小时，这么一比较，在海中的运动可谓是相当悠哉游哉的。而且，锯齿海豹还喜欢在海中时不时地跃出水面，可以说是一种十分活泼的海豹种类了。

锯齿海豹的数量为什么有那么多？ 锯齿海豹是南极海豹中数量最多的一种，据保守估计现存有700万只个体，能够占到南极海豹总数的90%以上，同时也是世界海豹中数量最多的一种，占世界海豹总数的85%。而有的科学家甚至估计它们的种群数量达到惊人的7 500万只，如果这一数字属实，锯齿海豹甚至能成为当今世界上数量最多的大型哺乳动物。能有这么多数量，正说明锯齿海豹不用为自己的食物资源发愁。从演化的角度而言，南极磷虾是地球上生物量最大的单一物种，锯齿海豹正是利用南极海域为数庞大的磷虾种群，用细密的牙齿这一利器滤食磷虾，从而维持了自己庞大的种群数量，使得别的海豹种类只能望其项背。甚至还有统计表明，锯齿海豹的种群数量在20世纪以每年高达9%的速度增长。这是因为商业捕鲸使得南极海域的大型须鲸（尤其是几乎完全以磷虾为食的蓝鲸）数量大幅下降，从而使锯齿海豹在捕食上的竞争对手大为减少。

锯齿海豹是喜欢独居还是群居呢？ 正因为数量庞大，锯齿海豹更喜欢群居生活，它们常常数百只一起下水捕猎，甚至有人曾经观察到过超过1 000只锯齿海豹在一起的群体。不过有趣的是，当雌性锯齿海豹产崽时，它们倒不喜欢集群在一起，每只锯齿海豹总会寻觅自己中意的冰面独自产下自己的小宝宝。刚出生的锯齿海豹幼崽体长约1.2米，体重20—30千克。随后，在妈妈的母乳喂养下，这些小宝宝能够以每天约4.2千克的速度生长，在两周或三周断奶后，体重可达100千克。

锯齿海豹有天敌吗？ 别看锯齿海豹数量众多，但它也拥有一个宿命般的天敌——豹形海豹。尤其是新出生的锯齿海豹的死亡率相当之高。据统计，每年有大约80%的新生锯齿海豹幼崽会被豹形海豹所捕食。而在幸存下来的个体中，有78%的身上都有豹形海豹所造成的伤痕。这些伤痕，即使是在成年的锯齿海豹身上，也能很容易地找到。不过从演化上来看，锯齿海豹和豹形海豹的亲缘关系其实并不远，它们都拥有叶状的牙齿，而这也是南极海域同样分布的罗斯海豹（Ommatophoca rossii）和威德尔海豹（Leptonychotes weddelli）所共同具有的特点。只不过随着自然选择的不断筛选，它们分别走向了不同的演化之路。

锯齿海豹分布于南极周围海域，向北分布区域可达南纬40°海域。

判断对错

★ 1. 锯齿海豹的另一个名字食蟹海豹准确无误地描述了它的食性。

★ 2. 锯齿海豹的体色多变。

★ 3. 像其他海豹一样，锯齿海豹在陆地上的运动能力并不强。

★ 4. 锯齿海豹是世界上数量最多的海豹。

★ 5. 锯齿海豹的主要天敌是虎鲸。

答案：1.× 2.√ 3.× 4.√ 5.×

笑面渔者——威德尔海豹

明星名片

学名：*Leptonychotes weddellii*。威德尔海豹体长2.5—3.5米，体重400—600千克，属于大型海豹。虽然威德尔海豹的雌雄性体长相近，但雌性明显比雄性要更浑圆一些。但雄性威德尔海豹的脖子却比雌性更厚，头部和口吻更宽，有一种小身板却长着大脖子大脸的感觉。威德尔海豹整体体色为棕灰色或棕黄色，上面具有很多不规则的白色或深色的小斑点，而它们的后背部、四肢和面部的颜色相对更深一些。目前威德尔海豹的种群估计有80万只。

Weddell seal

界：动物界 Animalia
门：脊索动物门 Chordata
纲：哺乳纲 Mammalia
目：食肉目 Carnivora
科：海豹科 Phocidae
属：威德尔海豹属 *Leptonychotes*

威德尔海豹的名字有什么渊源？ 威德尔海豹也会被称为威氏海豹或威德尔氏海豹，这个名字来源于英国探险家詹姆斯·威德尔，他曾于1822—1824年首次深入南极的威德尔海进行探险，之后那片海域被命名为威德尔海，而威德尔海豹就是根据他的这次航行所绘制的海豹素描和带回的骨骼标本而确定命名的。威德尔海豹的属名 *Leptonychotes* 来源于希腊语，意思是小爪子，这是因为威德尔海豹的后肢爪子很小而得名的。

小威德尔海豹有什么特点？ 威德尔海豹是唯一一种能生下双胞胎的海豹种类。小威德尔海豹的出生只需要1—4分钟时间。小威德尔海豹刚出生时，体重为25—30千克，之后每天增重迅速，在第一周时，它们的体重就能增长到出生时的2倍。到七周龄时，小威德尔海豹的体重就可以达到100千克。许多海豹在年幼时，身上都有一层厚重的绒毛，帮助它们保暖。威德尔海豹也不例外，出生3—4周时，全身就会覆盖褐色或灰色的毛皮，之后颜色逐渐变深。不过幼年的威德尔海豹很容易受到豹形海豹和虎鲸的攻击，成为这些天敌的食物。

威德尔海豹的毛皮有什么特殊之处？ 威德尔海豹会在3岁时达到成熟。但不同于大多数海豹种类成年后身体会变成光溜溜的，威德尔海豹成年后全身仍然覆盖绒毛。除了鳍状肢附近，威德尔海豹的全身都有着这么一层薄薄的绒毛，帮助它们保暖。但在南极的夏季，这层绒毛也会脱落，而且随着年龄的增长，每年更替的这层绒毛的颜色也会逐渐变浅。

　　威德尔海豹和南极分布的其他海豹相比有哪些不同？与那些更喜欢趴在浮冰上生活的其他海豹同类相比，在休息时，威德尔海豹更喜欢懒懒地待在距离海岸不远的陆地上，这也使得它们成为人们在南极地区旅游时最容易见到的海豹种类之一。而且成年威德尔海豹的头相对身体而言比较小，口鼻部也比较短，看起来与没长大的小海豹类似，再加上嘴边的胡子，甚至给人一种小猫的感觉。而且威德尔海豹的嘴角边略呈弧形，所以看起来总是一副"面带微笑的表情"。同时威德尔海豹的性格非常温顺，很容易接近，十分惹人喜爱。

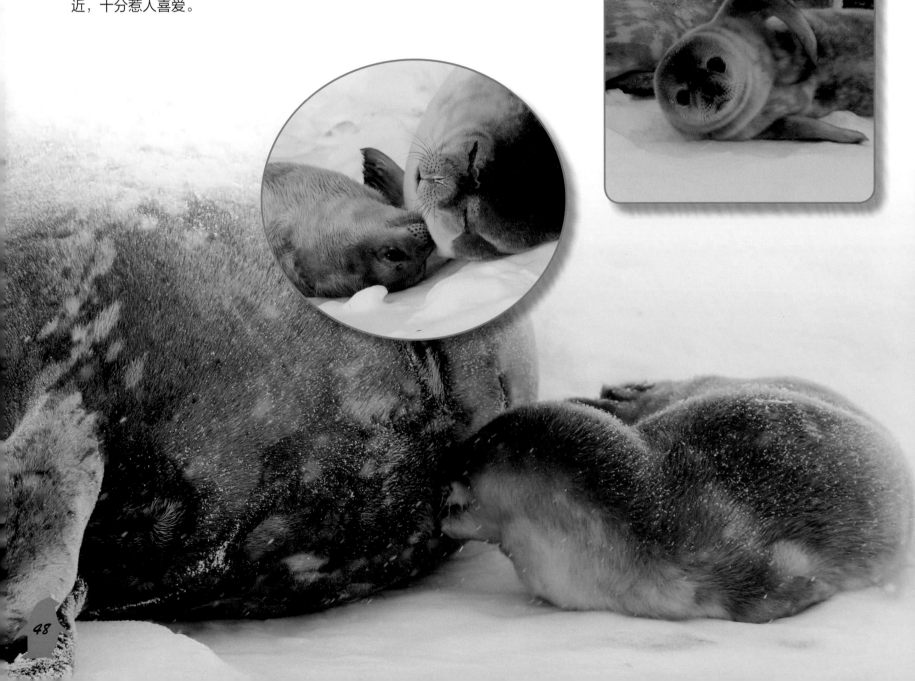

威德尔海豹在南极海域的生存有什么过人之处？ 威德尔海豹广泛分布于南极大陆及其附近岛屿的沿岸，但相比于其他海豹或是鲸类，威德尔海豹能够忍耐更为寒冷的气候。它们向南的极端分布区域达到南纬的77°，这甚至是世界上哺乳动物分布的最南端纪录。威德尔海豹并不迁徙，而是随着整个冬季冰层的呼吸孔和裂缝的分布变化而移动。在寒冷的南极冬季，威德尔海豹会待在水中躲避暴风雪，不过由于海水冰封，所以它们会选择在结冰较薄处聚集，守候着关系着自己生存的冰上裂缝。和其他海豹同类相比，威德尔海豹的食性相对较窄，它们几乎完全以南极鳕鱼和头足类动物为食。而且威德尔海豹的潜水能力十分出众，大多数时候会下潜到水下300—400米区域觅食，但时间不超过15分钟。在极端的时候，它们甚至能够下潜到600米深的水域，下潜时间达到70分钟之多。威德尔海豹肌肉中肌红蛋白的含量颇高，这正是它们高超的潜水能力的来源。

威德尔海豹分布于南极周围海域，向北分布区域可达南纬50°海域。

判断对错

★ 1. 威德尔海豹能生下双胞胎。

★ 2. 成年威德尔海豹全身没有绒毛覆盖。

★ 3. 威德尔海豹喜欢待在冰面上生活。

★ 4. 威德尔海豹也会迁徙。

★ 5. 威德尔海豹能够下潜到很深的水域。

答案：1.√ 2.× 3.× 4.× 5.√

象鼻怪兽——南象海豹

明星名片

　　学名：*Mirounga leonina*。南象海豹作为体型最大的海豹，也是海洋中除了鲸类以外体型最大的哺乳动物，同时它也是体型最大的食肉目动物，是陆地上最大的食肉动物北极熊体重的6—7倍。南象海豹的身体整体呈纺锤形，看起来又粗又胖。不过它们的身体却也十分柔韧，能够将头颈部向背后弯曲，同时再加上身体后部翘起的鳍状肢，整体上能够展现出一种U字形的造型。南象海豹体色整体呈银灰色，但年老的个体体色会呈现淡褐色或淡黄色。

Southern Elephant Seal

界 动物界 Animalia

门 脊索动物门 Chordata

纲 哺乳纲 Mammalia

目 食肉目 Carnivora

科 海豹科 Phocidae

属 象海豹属 *Mirounga*

南象海豹的名字有什么来历? 南象海豹外貌上最大的特征,就是雄性南象海豹长着一段奇怪的长鼻子,这也是它们名字中"象"的来源。这个"象鼻子"平时软趴趴地耷拉在嘴前,但一旦它们兴奋或者发怒时,这个奇怪的鼻子就会膨胀起来。除了南象海豹,象海豹属还有另一种北象海豹(*Mirounga angustirostris*),分布在北半球从阿拉斯加到加利福尼亚州的太平洋沿岸,雄性北象海豹同样也长着"象鼻子",而且雄性比雌性的大不少。不过与南象海豹比起来,北象海豹的体型还是要小一大圈的。而在南象海豹的学名中,种加词*leonina*正是狮子的含义。这是因为最早为它命名的科学家觉得一方面南象海豹体型巨大,宛如雄狮一样威武;另一方面,南象海豹时常会发出雄壮响亮的吼叫声,特别是繁殖季节展示自己力量时,与狮子也颇类似,故而有了这个学名。

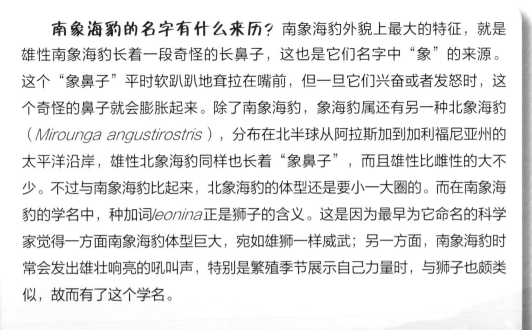

雄性南象海豹和雌性南象海豹差异有多大? 南象海豹的两性间差异巨大,雄性平均体长为4.5—5.8米,雌性平均体长则仅为2.6—3.5米。而在体重上,雄性南象海豹的平均体重能达2200—4000千克,而雌性的平均体重仅为400—900千克,平均而言雄性的体重是雌性体重的5—6倍之多。这是哺乳动物中两性差异之最。而世界上曾经记录过最大的雄性南象海豹体长达到了6.85米,体重甚至达到了惊人的5000千克之多。

雄性南象海豹如何争夺配偶？ 对于雄性南象海豹而言，体型越大，在繁殖期越占有优势，也越能占据海滩上最好的栖息场所。雄性的南象海豹长有突出的犬齿，尤其是上犬齿，长度能够达到外侧门齿的5倍。雄性南象海豹在相互争斗时，通常只要互相看看对方的挺起脖颈的巨大体型以及响亮的吼叫声，就能决一胜负了。但如果参加擂台的两只雄性旗鼓相当，这时它们就会用暴力来解决问题，采取的方式是依靠抬起自己巨大的身躯，通过头颈相互碰撞，再伺机用犬齿咬伤对方。所以雄性南象海豹的身上经常是伤痕累累的，但这也正像是它们的勋章一般。不过这样的争斗看似惨烈，但很少致命，失败的雄性通常总是灰溜溜地逃走而已。赢得繁殖战斗胜利的雄性南象海豹，甚至会拥有多达几十个配偶。雄性南象海豹争夺配偶期间，甚至会在长达三个月的时间里一直守护着自己的领地，而不去海中捕食。这时的它们完全依靠消耗自己体内的脂肪来支撑自己。所以要维持自己的繁殖权，是要付出巨大的体能消耗的，这也是身体素质的长期较量。

南象海豹如何捕食？ 南象海豹在近岸区域主要捕食鱼类，但在更远的水域则主要捕食头足类动物。南象海豹能够反复进行潜水，每次潜水能超过20分钟。在呼吸空气的动物中，南象海豹是除了鲸类以外，能够潜水最深的动物。它们主要在水深400—1 000米区域捕猎食物，而最深的潜水纪录甚至达到2 133米。这种能力令许多鲸类都自叹弗如。南象海豹不具备鲸类那样发达的回声定位系统，但它们拥有大而圆的黑色眼睛，而且即使是在光线昏暗时，它们也具有很敏锐的视觉，所以南象海豹主要依靠视力来进行捕猎。那些在深海中自身发光的动物就成为南象海豹捕猎的首选。同时它们的胡子对振动也十分敏感，在深海中找寻食物时也能起到不少作用。

南象海豹的种群现状如何？ 相比于南极地区其他海豹种类，南象海豹的分布区域更靠近温暖的区域，它们主要生活在亚南极区域的岛屿周围。因为南象海豹身上的脂肪和鲸脂有类似的用途，所以人类在19世纪也对南象海豹展开过大规模的捕杀，曾经使它们濒临灭绝。不过随着保护行动的展开，南象海豹在20世纪50年代已经恢复到相当大的数量。目前南象海豹的种群数量在65—74万只之间，可以分为三个地理亚群，即南大西洋、南印度洋和南太平洋三片大洋的亚南极区域。其中最大的亚群是南大西洋亚群，总计超过40万头，主要在南乔治亚岛繁殖。第二个大亚群分布在南印度洋，总计约20万头，主要在凯尔盖朗群岛繁殖。第三个大亚群数量最少，大约7.5万头，主要生活在南太平洋塔斯马尼亚和新西兰南部附近海域的岛屿上，其中最主要的是麦夸里岛。不过有些南象海豹也会出现在智利、南非或是澳大利亚的海岸，甚至远至毛里求斯也曾有南象海豹的出现记录呢。但总体而言，近年来，南象海豹的种群数量正在下降，这与它们的主要食物资源减少有关。

南象海豹分布于南极周围海域，向北分布区域可达南纬40°海域。

判断对错

★ 1. 雄性南象海豹长有"象鼻子"。
★ 2. 南象海豹是现存体型最大的食肉目动物。
★ 3. 雄性南象海豹之间的争斗往往是你死我活的。
★ 4. 南象海豹的潜水能力超强。
★ 5. 南象海豹的种群目前已经不受威胁了。

海狮代表——南极海狗

明星名片

学名：*Arctocephalus gazella*，有时也被叫作南极毛皮海狮。南极海狗分布于环绕南极的海域，主要在南纬65°以北，其中约95%的种群都生活在南乔治亚岛，数量能够达到400万只，这使得南乔治亚岛成为地球上海洋哺乳动物最密集的区域之一。在南极海狗的学名中，种加词gazella其实来源于第一艘捕捉到它的德国海军舰艇"巡洋舰" SMS Gazella号，而Gazella在英文中也是瞪羚之意。1874年，该舰从凯尔盖伦岛（Kerguelen）采集了第一批标本，这也正是南极海狗的另一个英文名Kerguelen fur seal的来历，翻译过来就是凯尔盖伦海狗。南极海狗的主要食物也是磷虾、头足类和鱼类，不过它们偶尔也会捕食企鹅。它们能够最深下潜到水深180米处，最长潜水时间能够持续10分钟。

Antarctic Fur Seal

界：动物界 Animalia
门：脊索动物门 Chordata
纲：哺乳纲 Mammalia
目：食肉目 Carnivora
科：海狮科 Otariidae
属：海狗属 *Arctocephalus*

南极海狗究竟是海狮还是海豹呢？ 南极海狗还有一个中文名叫做南极毛皮海狮，这来源于它的英文名Antarctic Fur Seal。不过大家一定会注意到其中用的是Seal，而不是Sea Lion。Seal在中文里是海豹的意思，而Sea lion才是海狮。那么海狗为什么英文名叫Fur Seal呢？其实这是因为人们早期在英文中并没有严格区分海狮和海豹，都把它们叫作Seal，后来名称才逐渐规范。中文中所说的海狗所对应的就是英文中的Fur Seal了，它们一共有8种，除了北海狗（*Callorhinus ursinus*）外，都属于海狗属（*Arctocephalus*），也基本都分布在南半球。从分类上而言，所有的海狗都属于海狮科，它们和海豹的亲缘关系很远。而除了海狗以外的海狮在英文中就被称为真正的Sea lion了，它们一共有5个属6个物种。

海狮与海豹有什么区别呢？ 所有的海豹都属于海豹科（Phocidae），种类繁多，不过它们共同的特点还真就是只能趴着，这其实就是海豹和海狮的最大区别。因为海豹的后鳍状肢已经退化，只适合游泳，不能向前转到身体的下面，所以在陆地上运动能力很差，也就总是一副趴卧姿态了。和海豹相比，包括海狗在内，所有的海狮都属于海狮科（Otariidae），在陆地上的运动能力就要强得多了，这正是因为它们的后鳍状肢还能够转向，再加上还能够用和身体相比相对较长的前鳍状肢向外侧翻转90°，把身体在平地上支撑起来，所以它们在海滩边跑起来是完全没有问题的。除此之外，海狮们有小指头般的外耳，而海豹的耳朵已经退化得极小或退化成只剩下两个洞了，所以只剩下一个圆圆的脑袋了。另外，海豹大多数分布区域都偏寒冷，而海狮则喜欢温暖的阳光。

海狗本身具有什么独特之处？ 作为Fur Seal的海狗和英文中真正的海狮Sea Lion相比，虽然都属于海狮科。但是海狗具有紧密的绒毛，从外观上看整个身体像围着一圈厚厚的毛。所以相对于真正的海狮，海狗们能够适应更为寒冷的气候，它们也多生活在较寒冷一些的区域，南极海狗正是其中分布区域最靠南的物种代表。另外，海狗的嘴吻很短，看起来头更圆，不太像真正海狮的那种长脑袋，反而有点像海豹的脑袋，而且胡子也长。所以难怪早期的探险家没有能够把海狗和海豹区分开，取了个Fur Seal、直译为毛皮海豹的名字。

雄性南极海狗与雌性南极海狗有什么差别？ 成年雄性的南极海狗体色为深棕色，而雌性和亚成年个体则往往是灰色的，不过就像其他鳍脚类动物一样，它们的体色也是多变的。不过小海狗出生时颜色颇深，看起来就像是黑色的。甚至有统计表明，南极海狗还有千分之一的概率出现白色个体呢。在南极海狗中，雄性能够长到体长2米、体重215千克，而雌性最大则只有1.4米长、平均体重34千克。雄性体型大约是雌性的4倍。和南象海豹一样，南极海狗的两性异型赋予了它们"一夫多妻"的婚配制度。成功获得交配权的胜利雄性能够与多达20只雌海狗交配，不过它也需要时刻守卫着自己的领地和佳丽们。在这个过程中，残酷的争斗时有发生，有时甚至出现你死我活的情形。

南极海狗面临哪些威胁呢? 与历史上人类捕杀鲸类和大型海豹主要为了获取油脂不同,人类捕杀海狗主要是为了它们厚实的毛皮。南极海狗也不例外。18—19世纪,一些国家曾经十分频繁地在南极海域猎杀南极海狗。到20世纪初,南极海狗甚至被一度认为已经灭绝。但好在它们的种群挺过了当时的难关,最终在南乔治亚岛上重新恢复到巨大的种群数量。不过即使不再有更多的杀戮行为,南极海狗的生存仍然面临着诸多威胁。有许多南极海狗会被人类所布下的渔网缠绕致死。而随着南极地区旅游业的发展,位于南极外围的南乔治亚岛成为许多游客的主要旅游目的地,人类与海狗之间的冲突也愈发凸显。

　　南极海狗主要分布于亚南极海域的南纬60°与50°之间的大西洋和印度洋海域,以及南极大陆与澳大利亚之间的海域,也会游荡至南美洲的阿根廷、巴西、智利等地以及南非。

Tips: 海狮与海豹的区别

部位	海豹科	海狮科
耳廓	无	有
前鳍状肢	有5个明显的趾,均具爪	只具有爪的痕迹或无爪
后鳍状肢	不能转向	能够转向
后鳍状肢	5趾均具爪	中央3趾具爪
门齿	门齿没有横沟	前两枚门齿具有横沟

判断对错

★ 1. 因为南极海狗的英文名是 *Antarctic Fur Seal*,所以它们属于海豹。
★ 2. 南极海狗具有耳廓。
★ 3. 所有海狮都有厚重的毛皮。
★ 4. 在体型上,南极海狗是雄大雌小。
★ 5. 人类曾经为了油脂猎杀南极海狗。

答案: 1.× 2.√ 3.× 4.√ 5.×

海面舞者——花斑鹱

明星名片

　　学名：*Daption capense*，还有一个中文俗名叫作岬海燕。但其实，它们并非真正的海燕，而是纯粹的鹱。花斑鹱的体长38—40厘米，重340—528克，翼展81—91厘米，在鹱形目中属于体型中等的鸟类。花斑鹱全身主要是黑白两色，它们的头部和颈部为黑色，胸部和腹部则为白色，而它们的背部以及翅膀上部则以黑色为背景色，上面点缀有白色的斑点，它们的尾巴末端有一条黑色的横带。作为典型的海洋性鸟类，磷虾是花斑鹱最主要的食物来源，它们会通过直接在水面或简单的水下潜水来捕捉磷虾。花斑鹱的分布区域很广泛，从南极周围的海域一直到邻近南极的南美洲、非洲、大洋洲南部海域都有它们的身影，甚至最远会到达像加拉帕戈斯群岛这样的热带区域。据估计它们的种群数量能够达到200万只。

Cape Petrel

界：动物界 Animalia
门：脊索动物门 Chordata
纲：鸟纲 Aves
目：鹱形目 Procellariiformes
科：鹱科 Procellariidae
属：花斑鹱属 *Daption*

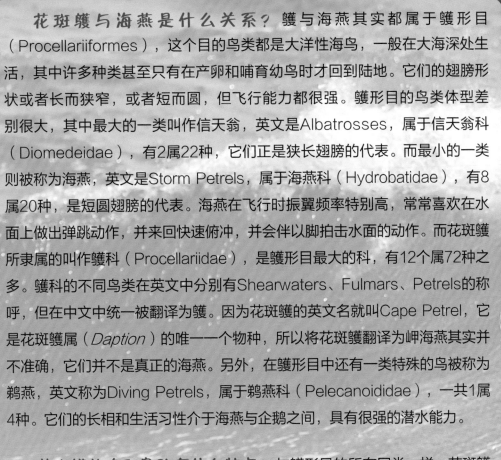

花斑鹱与海燕是什么关系？ 鹱与海燕其实都属于鹱形目（Procellariiformes），这个目的鸟类都是大洋性海鸟，一般在大海深处生活，其中许多种类甚至只有在产卵和哺育幼鸟时才回到陆地。它们的翅膀形状或者长而狭窄，或者短而圆，但飞行能力都很强。鹱形目的鸟类体型差别很大，其中最大的一类叫作信天翁，英文是Albatrosses，属于信天翁科（Diomedeidae），有2属22种，它们正是狭长翅膀的代表。而最小的一类则被称为海燕，英文是Storm Petrels，属于海燕科（Hydrobatidae），有8属20种，是短圆翅膀的代表。海燕在飞行时振翼频率特别高，常常喜欢在水面上做出弹跳动作，并来回快速俯冲，并会伴以脚拍击水面的动作。而花斑鹱所隶属的叫作鹱科（Procellariidae），是鹱形目最大的科，有12个属72种之多。鹱科的不同鸟类在英文中分别有Shearwaters、Fulmars、Petrels的称呼，但在中文中统一被翻译为鹱。因为花斑鹱的英文名就叫Cape Petrel，它是花斑鹱属（*Daption*）的唯一一个物种，所以将花斑鹱翻译为岬海燕其实并不准确，它们并不是真正的海燕。另外，在鹱形目中还有一类特殊的鸟被称为鹈燕，英文称为Diving Petrels，属于鹈燕科（Pelecanoididae），一共1属4种。它们的长相和生活习性介于海燕与企鹅之间，具有很强的潜水能力。

花斑鹱的喙和鼻孔有什么特点？ 与鹱形目的所有同类一样，花斑鹱最大的特点在喙和鼻子上。鹱形目鸟类喙的结构十分特别，在它们钩状的喙上部，长着鸟类中罕见的"鼻子"，并且还有很多角质片覆盖。像花斑鹱的喙上端就由7—9个角质板所覆盖而成。在鸟类世界中，大多数鸟类只具有鼻孔，而鹱形目鸟类则具有两个并列呈管状的鼻子，所以它们又被称为管鼻类。其中花斑鹱所属的鹱科也不例外，它们具有鹱形目最典型的左右分离的鼻孔。而它们的近亲——海燕科则具有更为独特的鼻孔，它们的两个鼻孔在中央的位置合成为一个。这也是海燕和鹱的区别之一。

花斑鹱的管鼻有什么特殊作用？ 长着这样的管鼻可是有十分重要功能的。因为作为长年生活在海洋深处的大洋性鸟类，鹱形目的鸟儿在飞行和觅食时常常吞入大量的海水。它们在鼻腔通道的上方长有盐腺，以利于及时将这些海水排出体外。鹱形目鸟类正是通过这个盐腺得以及时排出高浓度的盐溶液，从而降低身体内体液的盐浓度。

花斑鹱抵御危险时有什么特殊技能吗？ 花斑鹱作为一种体型中等的鹱形目鸟类，在大洋中面对那些体型更大的鸟类时，在体型上并不占优势，并且也没有尖牙利爪去抵御威胁，但花斑鹱能够在胃中产生一种由蜡酯和甘油三酯组成的胃油，然后储存在腺胃中。真正遇到危险的时刻，它们会把这些味道奇怪的胃油从自己的嘴里喷射出来，恐吓对手。当然这样的胃油还有别的用途，它其实也是父母在喂养幼鸟时所分泌的食物来源，同时也能够在成鸟长途飞行时作为能量补给。

花斑鹱在哪里繁殖？ 与许多海洋性的鸟类一样，花斑鹱也得寻觅茫茫大洋中难得一见的海岛繁殖，或者干脆来到大陆的海岸线集群繁殖。它们喜欢在距离海洋1 000米以内的悬崖或岩石堆中筑巢。花斑鹱的巢十分简单，直接由鹅卵石围成，花斑鹱会通过吐胃油来保护自己的巢穴。不过更多的时候，为了从根本上保护自己所产的卵，花斑鹱常常会选择将自己的巢直接建在岩石的缝隙里或者在悬空的岩石下，这样直接形成天敌无法进入的屏障。等到雏鸟孵出，雌雄花斑鹱会轮流喂养自己的孩子，直到大约45天后，小鸟长大能够一起飞行。

花斑鹱分布于非洲中南部地区、印度洋、南美洲、太平洋诸岛屿、澳大利亚和新西兰、南极地区。

判断对错

★ 1. 花斑鹱又叫做岬海燕，所以它属于海燕。

★ 2. 花斑鹱只有一个鼻孔。

★ 3. 花斑鹱的管鼻能够排出高浓度的盐液。

★ 4. 遇到危险时，花斑鹱能够将自己胃部液体喷射出来。

★ 5. 花斑鹱用岩石筑巢。

答案：1.× 2.× 3.√ 4.√ 5.×

嗜尸恶鸟——巨鹱

明星名片

学名：*Macronectes giganteus*。巨鹱具有典型的两个开口的管鼻，属于鹱形目鹱科。它们的体长能达到86—99厘米，翼展则为185—205厘米，体型接近信天翁，是鹱科中体型最大的种类。巨鹱的平均体重在2.3—5.6千克，但也有巨大的个体体重甚至能够达到8千克之多，这可要比信天翁重不少。巨鹱有两种常见的色型，一种为黑色型，一种为浅色型。其中黑色型的胸部和头颈部的颜色还是略浅的，而且翅膀的前缘颜色也略浅。巨鹱在南极区域的分布很广泛，据估计目前的种群数量在97 000只左右。不过它们的分布区主要位于南极半岛与南美洲之间海域的海岛上，如福克兰群岛和南乔治亚岛等。

Giant Petrel

界：动物界 Animalia
门：脊索动物门 Chordata
纲：鸟纲 Aves
目：鹱形目 Procellariiformes
科：鹱科 Procellariidae
属：巨鹱属 *Macronectes*

巨鹱有什么特殊的习性？ 不同于其他鹱主要捕食鱼类等海洋动物为食，巨鹱除了捕食海面的这些食物外，还嗜食动物尸体，它们甚至会捕杀体型较小的海鸟，尤其是那些海鸟的雏鸟。而作为鹱形目的鸟类，巨鹱其实并不具备尖利的脚爪，要想撕碎动物尸体的皮肉，只能依靠自己带有弯钩的喙。所以作为机会主义者，常常会同时有好几只巨鹱一起发现动物尸体，然后纷纷将自己的脑袋塞入动物尸体的开口处，然后不断扭动以撕下食物的情形，这时的它们往往弄得一头是血，巨鹱虽然没有尖利的脚爪，但其腿脚本身却是十分强健的，在陆地上行走奔跑非常有力。它们常常为了争夺海面或海边死去的鲸类或海豹的尸体而你追我夺，大打出手，场面颇为混乱。

巨鹱和其他食腐鸟类有什么区别？ 人们最熟悉的食腐鸟类是亚欧大陆的1属3种秃鹫，以及广布于亚欧大陆和非洲大陆的4属11种兀鹫，按照最新的分类系统，它们都是属于鹰形目鹰科的猛禽。除此之外，在美洲大陆，还分布着美洲鹫科（Cathartidae）的5属7种美洲鹫，它们也具有食腐肉的习性。经过长期的演化后，这两类猛禽的头颈部羽毛都变得十分稀少，可以避免啄食腐烂的血肉时过度沾染自己的羽毛，从而保持健康。但南极地区的巨鹱，食腐生涯还没有那么长的历史，也还没有那么长的演化历史，因此它们脖颈处的羽毛和其他鹱形目的鸟类没什么太大的差别。而且，身处南极区域，如果脑袋真的变成光溜溜的，也很难保存自己的体温。所以巨鹱和霍氏巨鹱也就以一种对自己的形象无所谓的态度，弄得自己一身污血，身上沾染上的腐肉味道也常常久久不能散去。不过看起来这对它们的健康也没什么影响。

巨鹱还有其他近似的同类吗？ 巨鹱有时候又被叫作南方巨鹱，因为它们的英文名之一是Southern Giant Petrel。巨鹱具有典型的两个开口的管鼻，属于鹱形目鹱科的巨鹱属。这个属除了巨鹱以外，还有一种霍氏巨鹱，学名为*Macronectes halli*，英文名为Hall's Giant Petrel或者Northern Giant Petrel，它们的分布区域比巨鹱更靠北一些。所以这两者正好一个在南方，一个在北方。它们的外貌和习性相似，都嗜食腐肉。不过南方的巨鹱体型要略大一些，而且在干净的情况下，南方的巨鹱喙尖是绿色的，而北方的霍氏巨鹱喙尖则是红色的。

凶猛的巨鹱在南极区域还有天敌吗？巨鹱虽然十分凶悍，但它们的雏鸟一样会受到其他捕食者的威胁。巨鹱的蛋需要经过55—66天的时间才能孵化，这期间在正常的情况下，父母中总有一方在巢中孵卵。刚出壳的小巨鹱浑身长有白色的绒羽，和父母的形象很不一样，它们需要经过3—4个月的时间才能完全长出成鸟的羽毛。而在这一阶段，幼鸟也很容易受到其他动物的攻击。人类在巨鹱繁殖地附近所带入的鼠类被认为是目前巨鹱幼鸟成长过程中的一个新的最大威胁，因为鼠类不仅会取食巨鹱的蛋，也能危及不会飞翔的雏鸟的生命。作为一种大型鸟类，巨鹱要到六七岁时才能达到性成熟，而它们第一次繁殖的平均年龄要到10岁，所以它们的繁殖率并不高。一旦有因素威胁到幼崽的成活，便会对它们的种群造成不小的影响。

巨鹱的分布区主要位于南极半岛与南美洲之间海域的海岛上，如福克兰群岛和南乔治亚岛等。

判断对错

★ 1. 巨鹱喜欢以动物尸体为食。
★ 2. 巨鹱的头部羽毛很稀少。
★ 3. 只有巨鹱一种鹱嗜食动物尸体。
★ 4. 鼠类会威胁巨鹱幼鸟的生存。
★ 5. 巨鹱都是黑色型的羽色。

答案：1.√ 2.× 3.× 4.√ 5.×

俊眉遮丑——黑眉信天翁

明星名片

　　学名：*Thalassarche melanophrys*，是一种大型信天翁，分布也最为广泛。因它的眼睛上方有独特的黑色眉纹，故名"黑眉"。黑眉信天翁中等体型，体长80—95厘米，翼展2—2.4米，平均体重2.9—4.7千克。翼面及背部呈鲜粉红色，腹部及臀部呈橙色。翼底主要是白色，有不规则的黑边。眼眉黑色，喙黄橙色，尖端呈红橙色。雏鸟的喙呈深角色，头部及颈围呈灰色，翼底深色。它们的寿命平均为30岁，最长可达70岁。黑眉信天翁身上有一个腺体，可以用来清除它们在海水里潜水觅食时所吞下的盐分。

Black-browed Albatross

界：动物界 Animalia
门：脊索动物门 Chordata
纲：鸟纲 Aves
目：鹱形目 Procellariiformes
科：信天翁科 Diomedeidae
属：信天翁属 *Diomedea*

　　黑眉信天翁在繁殖期会有什么样的行为？ 黑眉信天翁在生活中的大多数时间里都是沉默不语的，但当繁殖期到来，它们会发出快速的"咕噜"声，以及相对响亮的叫声。而且在繁殖期，黑眉信天翁还会通过好几种不同的求偶行为进行交流，如将尾部抬起来示爱、彼此整理羽毛、嘴巴相互接触等。像所有鸟类一样，黑眉信天翁会通过视觉、听觉、触觉和化学刺激（嗅觉）来感知它们周围的环境，在繁殖期，它们会充分调动自己的所有感官，来获取配偶的倾心。

　　黑眉信天翁是如何繁殖的？ 黑眉信天翁一般会在长满草丛的陡坡或峭壁上筑巢。黑眉信天翁只在每年的9—11月间产卵一次，每次只会产一枚卵。它们的双亲都会轮流孵化，孵化期需68—71天。孵化出来的小信天翁成长速度非常慢，需要3—10个月时间，羽翼才能丰满。

　　小黑眉信天翁和它们的爸爸妈妈长得一样吗？ 小黑眉信天翁出生时绒毛呈灰白色，和爸爸妈妈很不一样，这当然不是基因突变，而是幼年的信天翁更便于隐蔽自己的羽色。但不用担心，"女大十八变"，小黑眉信天翁成熟后，就会像它们的爸爸妈妈那样俊俏。

黑眉信天翁捕食活动发生在哪里呢？黑眉信天翁是机会主义捕食者，几乎可以吃任何东西。在海上，它们主要会吃海面附近的鱼类，但也可以潜入水下5米深处。它通常以乌贼为食，也常常跟随着海船行动，吃渔网打捞的鱼类，而且也会试图从其他鸟类中抢夺食物。

黑眉信天翁如何攻击敌人呢？黑眉信天翁会在胃中制造油状物质，当受到攻击的时候可以吐向攻击者，而且这也是其长途飞行中的营养来源。

黑眉信天翁为什么会成群地登上海岛呢？黑眉信天翁比较擅长滑翔，主要生活在远洋地区，它们当然也能在陆地上行走、休息，但在它们的生命历程中，成群返回海岛只是为了繁殖。

信天翁为什么善于滑翔？ 信天翁之所以会有如此高超的滑翔技术是因为它们长着一对超长的翅膀。与其他的鸟类相比，信天翁的前臂骨与指骨要长一些。它还长有一片特殊的肌腱，可以在飞行时固定翅膀的位置，这有利于减少滑翔时因肌肉消耗能量过多而出现的不适情况。不仅如此，信天翁的翅膀上还长有25—34枚次级飞羽。相比之下，海燕就只有10—12枚。正因为这样特殊的结构，信天翁的翅膀就如同高效的机翼，造就了它们高超的滑翔本领，将下沉的可能性降到最低。

为什么信天翁被赋予真爱恒久远的象征？ 信天翁是典型的"一夫一妻"制鸟类，它们的配偶关系一旦确立下来，就会一直生活在一起，终身配对，直到其中一方死亡。黑眉信天翁就是其中的典型。不过，信天翁也会出现"离婚"的情况，但是这种情况只是在数次的繁殖失败后才会出现。事实上，对于信天翁而言，每一次离婚都会导致它们的生殖成功率下降10%—20%，所以它们绝不会轻易和配偶分离。

黑眉信天翁分布在围绕南极的海洋，会在12个岛屿上繁殖。在大西洋，它们分布在迭戈拉米雷斯群岛及南乔治亚岛等。在太平洋，它们分布在坎贝尔岛、安蒂波德斯群岛、斯奈尔斯群岛及麦夸里岛等。在印度洋，它们分布在克罗泽群岛、凯尔盖朗群岛、赫德岛及麦克唐纳群岛等。

判断对错

★ 1.黑眉信天翁最长可以活到70岁。

★ 2.小黑眉信天翁出生时绒毛呈灰白色。

★ 3.黑眉信天翁每年只会生产一次，每次只会生两个蛋。

★ 4.黑眉信天翁在胃中制造油吐向攻击者。

★ 5.黑眉信天翁经常会返回陆地休息。

自食其力——灰头信天翁

明星名片

学名：*Diomedea chrysostoma*。灰头信天翁平均体长81厘米，翼展2.2米。体重2.8—4.4千克，平均重量为3.65千克，雌性比雄性略轻。它有一个深灰色的头部，喉部和上颈部、翼和尾巴几乎是黑色的。它有一个白色的臀部，眼睛下面有白色，它的喙是黑色的，上部和下部有明亮的黄色。

Grey-headed Albatross

界：动物界 Animalia
门：脊索动物门 Chordata
纲：鸟纲 Aves
目：鹱形目 Procellariiformes
科：信天翁科 Diomedeidae
属：信天翁属 *Diomedea*

灰头信天翁虽然"灰头"，可却不"土脸"哦！虽然灰头信天翁名字里有"灰头"两个字，但并不"土脸"，确切地说，灰头信天翁"是一种帅气又高冷的鸟"。虽然它们的头部是灰色的，但它们的上下喙呈现橘黄色，配色很是显眼。而未成年灰头信天翁头部和颈背的羽色比成鸟深。

灰头信天翁是如何飞行的呢？灰头信天翁同其他信天翁一样，与一般鸟类相比，缺少持续扑翼的肌肉，所以当大风刮起的时候，它们会一阵阵地扑动翅膀，随后滑行而起，在风的帮助下，它们能毫不费力地在天空翱翔。

你知道灰头信天翁飞得有多快吗？灰头信天翁能够以最高时速近130千米的速度飞行，在觅食过程中，它们以每小时近110千米的正常速度行进。即使在繁殖季节，它们也会长距离飞行，有时会长达13 000千米。

灰头信天翁如何觅食？灰头信天翁通常在开阔的海洋中进食，比其他种类的信天翁更喜欢在较冷的海域捕食，而且不是很喜欢跟踪船只移动。它们以鱼类、甲壳类、腐肉等为食，并主要在海洋表面捕获这些猎物。但也有一些观察结果显示，灰头信天翁可以至少潜入水下6米的区域觅食，持续时间约10秒钟。

灰头信天翁如何繁殖？ 灰头信天翁在繁殖期会上岸登岛，筑巢产卵。灰头信天翁通常每两年繁殖一次，每次都只产一个蛋。通常在10月中旬开始进入繁殖期，在12月孵化，轮流孵化需要70天左右。

信天翁很像海鸥，它们和海鸥有亲缘关系吗？ 信天翁跟海鸥没有亲缘关系。它们的鼻子呈管状，从上颌的基部一直伸到嘴的端部。它们的嘴上有角质片形成的鞘，跟企鹅嘴相似，嘴很大，前端有钩。

灰头信天翁有很好的视力和嗅觉吗？ 灰头信天翁有很好的视力和特殊的嗅觉。当它从天空中看到猎物时，会俯冲下来直接进入水中捕捉，有时甚至跳入水中。特殊的嗅觉使它们能够在远处就探测到猎物，即使在黑暗中也没问题。

灰头信天翁有天敌吗？ 像各种信天翁一样，灰头信天翁一生中的大多数时间都在天空飞行。除了过去那些捕猎它们的人类，它们没有真正的天敌。灰头信天翁会在偏僻的地方筑巢，除了海里的一些鲨鱼外，几乎不受其他任何动物的伤害。

　　为什么灰头信天翁在陆地上活动时会被称为"笨鸥"？ 灰头信天翁由于高度适应滑翔飞行和海中生活，它们的脚很短，相对来说很不发达，因而在陆地上活动时显得十分笨拙，有些人把它们称作"笨鸥"。几乎所有的灰头信天翁在陆地上都不能即时起飞，它们要在平坦的地面上助跑一段距离才能飞起。

灰头信天翁分布于南大洋，繁殖于亚南极岛屿。

判 断 对 错

★ 1. 灰头信天翁喜欢跟在船只后面获取食物。

★ 2. 灰头信天翁每年繁殖一次。

★ 3. 灰头信天翁和海鸥有亲缘关系。

★ 4. 灰头信天翁的脚很短。

★ 5. 未成年灰头信天翁头部和颈背的羽色比成鸟深。

答案：1.×　2.×　3.×　4.√　5.√

江洋大盗——南极贼鸥

明星名片

学名：*Stercorarius maccormicki*，又叫灰贼鸥，形似鸥类，但体型大于普通的鸥类，羽毛呈灰黑色，有黑色钩状粗短嘴、黑色眼睛和腿、长而宽阔的尖翼，长有白色的大翅斑。成年体长53—60厘米，体重1.2—1.5千克，翼展1.3—1.4米。前3趾长而具蹼，后趾较小。爪小，但弯曲而锐利。

South Polar Skua

界：动物界 Animalia

门：脊索动物门 Chordata

纲：鸟纲 Aves

目：鸻形目 Charadriiformes

科：贼鸥科 Stercorariidae

属：贼鸥属 *Stercorarius*

为什么它被称之为贼鸥？ 贼鸥在筑巢期到来的时候，会抢夺其他海鸟的食物，甚至还会强行占据其他海鸟精心营造的巢穴，所以被人们形象地称为贼鸥。贼鸥是明目张胆的惯偷抢匪，每逢企鹅繁殖时节，它们会整天围着企鹅的栖息地转悠，利用企鹅的失误、疏忽，叼食企鹅蛋和小企鹅。

南极贼鸥如何抢夺食物呢？ 南极贼鸥的傲慢和暴虐是有理由的，因为它身藏两件厉害的武器：一件是它的锐利而带钩的尖嘴，力量十足；另一件是它的硕大而健壮的翅膀，它的这两只翅膀不但大，而且很坚硬。所以，南极贼鸥依仗着这两件天生利器获取食物，它凭借大翅膀可以在天空盘旋，并用两只视力极好的"眼睛"搜索海面，一旦发现有鸟类捕捉到小鱼等食物，就会俯冲而下，用尖嘴抢夺财物。

南极贼鸥挑食吗？ 在很多时候，南极贼鸥似乎总给人一种好吃懒做的感觉，它们对食物不挑剔，食性也很广，肉类和植物类的食物都能下肚，不过它们最主要的食物还是鱼类和磷虾。当然，窃食其他鸟类的蛋、幼鸟，捡食海豹的尸体、粪便也不在话下。在饥饿难耐之时，南极贼鸥甚至会钻进南极科学考察站的食品库"作案"。

为什么南极贼鸥每次产卵两枚，通常只有一只小贼鸥存活呢？
南极贼鸥夏季繁殖期间通常一次产两枚卵，孵化期为一个月左右。在南极贼鸥家里，不存在"孔融让梨"这一说，"手足相残"倒时有发生。先孵出来的老大占有绝对优势，不仅先夺去父母带来的食物，有时还会趁父母不在，将年幼的老二赶出鸟巢。没有生存能力的老二就会沦为"鱼肉"，如果不幸遇到有自己孩子要养的其他成年南极贼鸥，它们甚至会被立即猎杀，成为同类的口中餐。所以每个巢穴中，通常只有一只小贼鸥能够存活。

为什么不要轻易靠近南极贼鸥的领地和巢穴？ 在南极，每只贼鸥都有自己的领地，它们时常在领地里视察，一旦发现有"外族"入侵，便会与其展开殊死搏斗，搏斗场面十分壮观。如果你试图接近南极贼鸥的窝，它们便会拉开凶残狠斗的架势向你扑来，时而垂直俯冲，时而掠地滑行，势如急风骤雨。此时最明智的做法是用厚厚的连衣帽紧紧裹住自己的脑袋，迅速避开南极贼鸥的攻击。否则瞬间你的脑袋上就会多出个血窟窿。不过只要不做出侵犯它们的举动，南极贼鸥一般不会主动袭击人类，哪怕你只隔它两三米远，它们也会熟视无睹，毫不介意。

南极贼鸥经常抢劫的食物是什么？ 南极贼鸥经常抢劫的食物是鱼类，因为贼鸥喜欢吃鱼。南极贼鸥的主要掠夺对象就是南极鸬鹚，因为南极鸬鹚是捕鱼的行家里手，每天都能捕上来十几条大鱼。南极鸬鹚孵养雏鸟的时候，它必须每天都要下海捕鱼。而南极贼鸥则暗中埋伏在南极鸬鹚回家的路上，一旦南极鸬鹚捕鱼归来，准备回家喂养嗷嗷待哺的幼雏时，南极贼鸥就会出其不意地从旁边蹿出来，拦住南极鸬鹚的去路，大声叫喊着，好像在说"此山是我开，此树是我栽，要想从此过，留下买路财"之类的开场白。

为什么南极贼鸥被称为"义务清洁工"？ 南极贼鸥冬季会到较温暖的地区过冬。在南极的冬季，有少数南极贼鸥在亚南极南部的岛屿上越冬。中国南极长城站周围就是它的越冬地之一，那里到处是冰雪，不仅在夏季几个月里裸露的那些小片土地被雪覆盖，而且大片的海洋也被冻结。这时，南极贼鸥的生活困难，没有巢居住，没有食物吃，也不远飞，就懒洋洋地待在考察站附近，靠吃站上的垃圾过活，人们称其为"义务清洁工"。

南极贼鸥分布于南极大陆沿岸及附近海岛，繁殖地集中在南极大陆沿岸及附近海岛，活动范围则广及南半球南部各处海岸与水域。

判断对错

★ 1. 南极贼鸥对食物不挑剔，肉类和植物类均可为食。

★ 2. 南极贼鸥每次产卵一枚。

★ 3. 南极贼鸥会叼食企鹅蛋和小企鹅。

★ 4. 南极贼鸥幼鸟会互相照顾。

★ 5. 南极贼鸥有锐利带钩的尖嘴和硕大健壮的翅膀。

答案：1.√ 2.× 3.√ 4.× 5.√

三、让我们了解一下中国对南极地区的探索吧！

中国极地研究中心

中国极地研究中心（原名中国极地研究所）成立于1989年，是我国唯一专门从事极地考察的科学研究和保障业务中心。

中国极地研究中心是我国极地科学的研究中心，自然资源部极地科学重点实验室的依托单位，主要开展极地雪冰至海洋与全球变化、极区电离层至磁层耦合与空间天气、极地生态环境及其生命过程以及极地科学基础平台技术等领域的研究，建有极地雪冰与全球变化实验室、电离层物理实验室、极光和磁层物理实验室、极地生物分析实验室、微生物与分子生物学分析实验室、生化分析实验室、极地微生物菌种保藏库和船载实验室等实验分析设施。

中国极地研究中心是我国极地考察的业务中心，负责"雪龙"号和"雪龙2"号极地科学考察船、南极长城站、中山站、昆仑站、泰山站、北极黄河站以及国内基地的运行与管理；负责中国南北极考察队的后勤保障工作；开展极地考察条件保障的国际交流与合作；开展极地气候变化监测、极地环境监测与保护工作，承担极地资源的调查与评估工作。

中国极地研究中心是我国极地科学的信息中心，负责中国极地科学数据库、极地信息网络、极地档案馆、极地图书馆、样品样本库的建设与管理并提供公益服务；负责出版《极地研究》中英文杂志；负责进行国际极地信息交流与合作；负责极地博物馆、极地科普馆的建设和管理。

中国极地研究中心（1）

中国极地研究中心（2）

"雪龙"号科学考察船

    "雪龙"号是我国第三代极地考察船，隶属于中国极地研究中心。原系乌克兰赫尔松船厂1993年建造的一艘具有B1级破冰能力的破冰船，1993年购进后改装为极地考察船。1994年"雪龙"号首航南极，先后执行了南极考察和北极考察，是我国目前唯一一艘专门从事极地科学考察的破冰船。

    "雪龙"号的总排水量21 250吨，船长167米、宽22.6米，满载吃水9米，最大续航能力为12 000海里，最大航速17.9节，抗风能力为12级以上，能以2节的速度连续破1.2米厚的冰（含20厘米的雪）。船上拥有较为齐备的导航仪器设备和气象观测设备，备有工作小艇和直升机，并拥有较为齐备的导航仪器设备和气象观测设备，设有游泳池、健身房、图书室、卡拉OK设备、洗衣房，定时开放，除了完成极地运输外，还可根据需要为科考提供全方位的立体服务。

"雪龙"号科学考察船（1）

"雪龙"号科学考察船（2）

中国南极长城站

    中国南极长城站建成于1985年2月20日，位于西南极的南设得兰群岛乔治王岛（62°12'9″S，58°57'52″W），平均海拔10米，距北京17502千米。夏季最高气温11.7℃，冬季平均气温－8.0℃，最低气温－26.6℃，空气湿度较大，海风含盐量高，全年大风天数在60天以上。目前有各种建筑12座，建筑面积4082平方米，建有生态动力学实验室，每年可接纳25人越冬、40人度夏。主要开展极地低温生物、生态环境、气象、海洋、地质、测绘等科学观测和研究。

中国南极长城站外景

中国南极长城站邮政局和"雪龙"号科学考察船邮政支局

1985年2月，中国南极长城站邮局开业

地球的南北两极是人迹罕至的"生命禁区"，但却在中国南极长城站留下了上海邮政的绿色踪迹。1985年11月，新华社向全世界宣布：中华人民共和国南极长城站邮局正式对外营业。来自上海邮政的杨金炳成为南极长城站邮局唯一一任局长。从此，来自世界各地的信件像雪片一样向长城站飞来。这些来自世界各地的信件，有一个共同的愿望：盖一个有"中国南极长城站"邮政局字样的日戳。

1986年5月，杨金炳回国。作为中国邮政第一个登上南极的网点，长城站邮局在南极冰天雪地的世界里，留下了永恒的绿色记忆。1998年7月18日，国家邮政总局批准在"雪龙"号科学考察船上特设邮政支局，隶属于上海浦东新区邮政局，邮政编码200138。1998年11月5日，中国第15次南极科学考察队从上海出发，"雪龙"号邮政支局随船起航，整个支局仅有一人，他就是来自上海邮政的颜修荣。"雪龙"号邮政支局先后往返于地球南北两极之间，使中国邮政的邮路延伸了几万海里，在中国邮政史上创造了许多个纪录。

中国第15次南极考察沿途到达国日戳与纪念戳

"雪龙"号邮政支局工作现场

1998年，"雪龙"号邮政支局工作人员做营业前准备

1985年，中国南极长城站邮局外景

四、你能把动物名称和相应图片连起来吗?

帝企鹅
王企鹅
纹颊企鹅
阿德利企鹅
白眉企鹅
南极鸬鹚
座头鲸
南极小须鲸
豹形海豹
锯齿海豹
威德尔海豹
南象海豹
南极海狗
花斑鹱
巨鹱
黑眉信天翁
灰头信天翁
南极贼鸥

五、你能在上海自然博物馆展厅里找到这些动物标本吗？

六、对比一下不同种的企鹅与人类的身高吧!

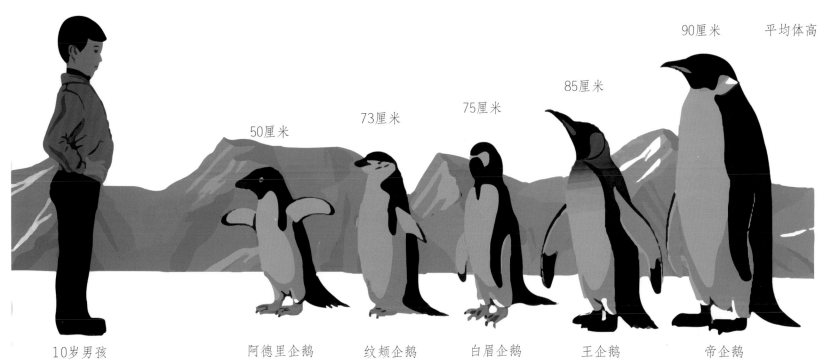

140厘米

90厘米　　平均体高

85厘米

75厘米

73厘米

50厘米

10岁男孩　　阿德里企鹅　　纹颊企鹅　　白眉企鹅　　王企鹅　　帝企鹅

1—3月
海中捕食

4月
移动100—160
千米,到有悬
崖或大片冰山
档风的陆地上

5月
交配

6—7月
雄企鹅孵
蛋

8月
小企鹅孵化出壳

雌企鹅回到
海中觅食

雌企鹅回到
岸上

9-10月
养育小企鹅

6个多月间,雄企
鹅反复捕猎物
并带回

10-11月
小企鹅群聚以保持体温

12月
小企鹅发育
成熟,离开
父母;浮冰
融化并分离

帝企鹅的生命周期（来源维基百科共享资源）

七、一起来画一画吧!

帝企鹅

王企鹅

纹颊企鹅

阿德利企鹅

白眉企鹅

南极鸬鹚

座头鲸

锯齿海豹

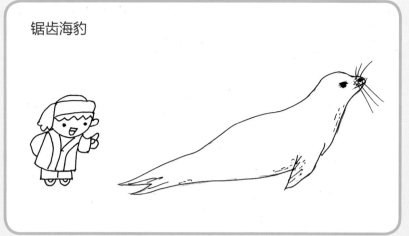

南极小须鲸

威德尔海豹

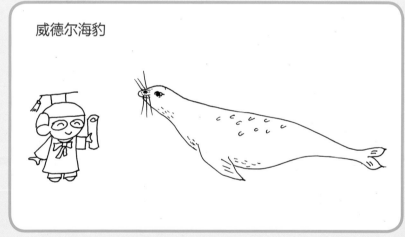

豹形海豹

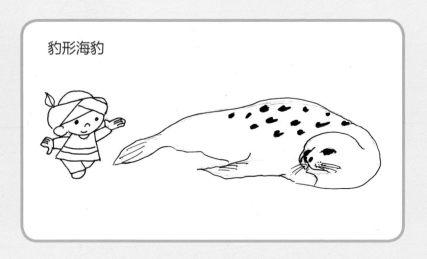

南象海豹

85

南极海狗

黑眉信天翁

花斑鹱

灰头信天翁

巨鹱

南极贼鸥

八、一起来学习一下动物的科学分类吧！

中文名称	英文名称	拉丁学名	界	门	纲	目	科	属
帝企鹅	Emperor Penguin	*Aptenodytes forsteri*	动物界	脊索动物门	鸟纲	企鹅目	企鹅科	王企鹅属
王企鹅	king penguin	*Aptenodytes patagonicus*	动物界	脊索动物门	鸟纲	企鹅目	企鹅科	王企鹅属
纹颊企鹅	Chinstrap Penguin	*Pygoscelis antarcticus*	动物界	脊索动物门	鸟纲	企鹅目	企鹅科	阿德利企鹅属
阿德利企鹅	Adelie Penguin	*Pygoscelis adeliae*	动物界	脊索动物门	鸟纲	企鹅目	企鹅科	阿德利企鹅属
白眉企鹅	Gentoo Penguin	*Pygoscelis papua*	动物界	脊索动物门	鸟纲	企鹅目	企鹅科	阿德利企鹅属
南极鸬鹚	Antarctic Shag	*Leucocarbo bransfieldensis*	动物界	脊索动物门	鸟纲	鹈形目	鸬鹚科	鸬鹚属
座头鲸	Humpback Whale	*Megaptera novaeangliae*	动物界	脊索动物门	哺乳纲	鲸偶蹄目	须鲸科	座头鲸属
南极小须鲸	Antarctic Minke Whale	*Balaenoptera bonaerensis*	动物界	脊索动物门	哺乳纲	鲸偶蹄目	须鲸科	须鲸属
豹形海豹	Leopard Seal	*Hydrurga leptonyx*	动物界	脊索动物门	哺乳纲	食肉目	海豹科	豹形海豹属
锯齿海豹	Crabeater Seal	*Lobodon carcinophagus*	动物界	脊索动物门	哺乳纲	食肉目	海豹科	锯齿海豹属
威德尔海豹	Weddell Seal	*Leptonychotes weddellii*	动物界	脊索动物门	哺乳纲	食肉目	海豹科	威德尔海豹属
南象海豹	Southern Elephant Seal	*Mirounga leonina*	动物界	脊索动物门	哺乳纲	食肉目	海豹科	象海豹属
南极海狗	Antarctic Fur Seal	*Arctocephalus gazella*	动物界	脊索动物门	哺乳纲	食肉目	海狮科	海狗属
花斑鹱	Cape Petrel	*Daption capense*	动物界	脊索动物门	鸟纲	鹱形目	鹱科	花斑鹱属
巨鹱	Giant Petrel	*Macronectes giganteus*	动物界	脊索动物门	鸟纲	鹱形目	鹱科	巨鹱属
黑眉信天翁	Black-browed Albatross	*Thalassarche melanophrys*	动物界	脊索动物门	鸟纲	鹱形目	信天翁科	信天翁属
灰头信天翁	Grey-headed Albatross	*Diomedea chrysostoma*	动物界	脊索动物门	鸟纲	鹱形目	信天翁科	信天翁属
南极贼鸥	South Polar Skua	*Stercorarius maccormicki*	动物界	脊索动物门	鸟纲	鸻形目	贼鸥科	贼鸥属

专家介绍

张树义

1994年获法国居里大学生态学博士学位，教授，中国科学探险协会副主席、中国户外探险联盟（www.casemeet.com）创始人。曾获中国科学院"百人计划"项目资助、国家自然科学基金委"杰出青年基金"项目资助和教育部"长江学者"团队项目支持，在Nature、Science、PNAS等杂志发表论文一百余篇。是我国第一个到亚马逊热带雨林进行长期野外研究与考察的生态学者，先后在南极、北极、东非大裂谷、亚马逊热带雨林等全世界40多个国家和地区进行科学探险和科学考察，包括2008年带领万科董事长王石等企业家到亚马逊原始森林探险。出版有《野性亚马逊》《行走北极》等书籍。

徐征泽

毕业于复旦大学统计运筹系，野生动物摄影师、野去自然旅行创始人。爱好摄影和旅游多年，主要方向是野生动物摄影和自然生态摄影。在旅游过程中不断感受大自然的激情和野性，体会野生动物世界的奇妙，用相机真实记录，传播，希望更多的人来了解大自然的魅力，并一起保护我们的生活环境。从2007年第一次前往东非至今，已经先后30多次前往非洲十多个国家，10次前往南北两极。

张恩东

沈阳市人，高级经济师，毕业于东北财经大学。是一位热爱摄影、拍摄作品数十万张、喜欢用镜头记录国内外自然风光和风土人情的高级经济管理专家。主要从事企业管理、股份制运作、投资管理等方面经济工作，曾在大型上市公司任高管职务。工作之余，参加过多次摄影大赛并获奖，作品曾在《中国城市地理》《国家人文地理》《民族画报》《人民摄影报》等刊物上发表。

陈建伟

北京林业大学教授、博士生导师。现任中国林业生态摄影协会主席，中国野生动物保护协会科学考察委员会主任，美国国家地理野外探险家，联合国教科文组织人与生物圈中国国家委员会专家。多次考察过南中国海三沙及地球南极、北极，是中国生态摄影的理论奠基人和不断践行者，个人作品主要有《一滴水生态摄影集》《多样性的中国森林》《多样性的中国湿地》《多样性的中国荒漠》等。

李斌

毕业于瑞典皇家理工学院，博士，中国极地研究中心助理研究员。第32次南极考察队中山站越冬队员，2018—2019年北极黄河站越冬队员。

图片提供者名录

页码	图片及图片提供者

P3　背景图／中国极地研究中心
　　前景图／来源美国地质调查局网站
P4　背景图／徐征泽
P5　背景图上／张树义
　　背景图下／中国极地研究中心
P6　背景图／李斌
P7　右上小图／中国极地研究中心
　　（26次队 朱亲耀）
　　右下背景图／中国极地研究中心
P8　右上小图／中国极地研究中心
　　（26次队 曹硕）
　　背景图／中国极地研究中心
P9　右上小图／中国极地研究中心
　　左下小图／中国极地研究中心
　　背景图／中国极地研究中心
　　（34次队 黄志聪）
P10　背景图／金佩
P11　右下小图／徐征泽
　　背景图／金佩
P12　右上小图／金佩
　　背景图／张树义
P13　右上小图／金佩
　　背景图／金佩
P14　背景图／张恩东
P15　左下小图／徐征泽
　　背景图／徐征泽
P16　左下小图／陈建伟
　　右上小图／中国极地研究中心
　　（33次队 戴宇飞）
　　右中小图／徐征泽

　　背景图／陈建伟
P17　左上小图／金佩
　　右中小图／陈建伟
　　背景图／徐征泽
P18　背景图／陈建伟
P19　右上小图／徐征泽
　　背景图／徐征泽
P20　右上小图／金佩
　　背景图／金佩
P21　右上小图／中国极地研究中心
　　右中小图／徐征泽
　　背景图／金佩
P22　背景图／陈建伟
P23　右上小图／陈建伟
　　右中小图／张恩东
　　右下小图／张恩东
　　背景图／张恩东
P24　右上小图／金佩
　　右中小图／金佩
　　背景图／张恩东
P25　右上小图／张恩东
　　右中小图／金佩
　　背景图／金佩
P26　背景图／徐征泽
P27　右上小图／徐征泽
　　右中小图／张恩东
　　左中小图／徐征泽
　　背景图／张恩东
P28　右上小图／陈建伟
　　右中小图／中国极地研究中心

　　背景图／张恩东
P29　左上小图／徐征泽
　　背景图／徐征泽
P30　背景图／张恩东
P31　右上小图／张恩东
　　背景图／张恩东
P32　右上小图／张恩东
　　右中小图／张恩东
　　背景图／徐征泽
P33　右上小图／张恩东
　　背景图／张恩东
P34　背景图／中国极地研究中心
P35　右上小图／中国极地研究中心
　　背景图／徐征泽
P36　右上小图／中国极地研究中心
　　背景图／徐征泽
P37　右上小图／中国极地研究中心
　　背景图／中国极地研究中心
P38　背景图／徐征泽
P39　右上小图／张恩东
　　右中小图／张恩东
　　右下小图／张恩东
　　背景图／徐征泽
P40　右上小图／徐征泽
　　右中小图／张恩东
　　背景图／徐征泽
P41　右上小图／张恩东
　　右中小图／中国极地研究中心
　　左下小图／徐征泽
　　背景图／金佩

AR（增强现实）使用说明

1. 检查配置

苹果 IOS 平台

支持iOS 7.0以上版本系统；

支持iphone 5以上，iPad 2以上（包括iPad Air）。

安卓 Android 平台

支持装有Android 4.1以上版本。

CPU: 1Ghz（双核）以上

GPU: 395Mhz以上

RAM: 2GB

为保证使用流畅，请在安装之前，确认手机或平板
电脑内预留2GB以上的可用容量。

2. 下载程序

方法一：网址 http://hd.glorup.com

方法二：扫描二维码

进入"走近动物"界面，选择苹果或安卓系统的对
应安装。

3. 操作步骤

步骤一：点击"走近动物"APP图标进入程序。

步骤二：点击程序界面中的"南极动物系列"按钮，再点击"开始"按钮进入程序。注意：过程中请确保手机或平板电脑与互联网链接。

步骤三：将手机或平板电脑摄像头对准书中标有"AR魔法图片"的手绘图进行扫描（适宜范围20cm—40cm），即可感受4D奇妙乐趣。

4、 使用须知

● 确保手机或平板电脑扬声器已经打开，以便欣赏其中的音效。

● 在欣赏4D动画时，可以适当转动手机或平板电脑

的角度，从不同的方向观看，也可以脱离已识别的"AR魔法图片"区域，对识别到的动画进行放大、缩小、旋转和位移操作，并且与动物拍照互动。

界面说明

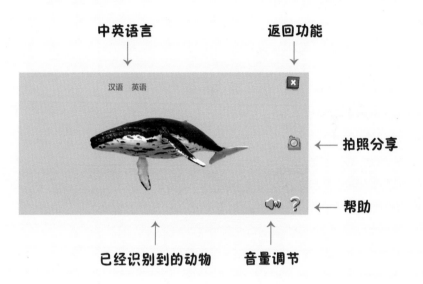

提示：以下情况可能会造成图像不能被识别

● 强烈的阳光或灯光直射造成页面反光。

● 昏暗的环境或光线亮度不停变换的环境。

● 在指定图片以外的区域扫描。

● 页面图片有大面积破损、折断、污染、变形等。

AR 技术支持　QQ：3490780553

参考文献

[1] Derek Onley and Sandy Bartle. 2001. *Identification of Seabirds of the Southern Ocean A Guide for Scientific Observers Aboard Fishing Vessels*. Te Papa Press, Wellington, New Zealand.

[2] Hadoram Shiriha, Brett Jarrett. 2006. *Whales, Dolphins, and Other Marine Mammals of the World*. Princeton University Press. Princeton, New Jersey, USA.

[3] Josep del Hoyo, Andrew Elliott, Jordi Sargatal. 1992. *Handbook of the Birds of the World – Volume 1 Ostrich to Ducks*. Lynx Edicions, Barcelona, Spain.

[4] Josep del Hoyo, Andrew Elliott, Jordi Sargatal. 1996. *Handbook of the Birds of the World – Volume 3 Hoatzin to Auks*. Lynx Edicions, Barcelona, Spain.

[5] Josep del Hoyo, Nigel J. Collar, et al. 2016. *HBW and BirdLife International Illustrated Checklist of the Birds of the World. Volume 1: Non-passerines*. Lynx Edicions, Barcelona, Spain.

[6] Russell A. Mittermeier, Don E. Wilson. 2014. *Handbook of the Mammals of the World – Volume 4 Sea Mammals*. Lynx Edicions, Barcelona, Spain.